JN084492

復興から学ぶ
市民参加型のまちづくりⅡ

―ソーシャルビジネスと地域コミュニティ―

風見正三・佐々木秀之 ［編著］

創 成 社

緒　　言

　2011 年 3 月 11 日に発生した東日本大震災から 9 年を経過した現在，震災復興の道程について議論の場が多く持たれるようになってきている。あれほどの大災害となった東日本大震災でさえ発災から 5 年目を経過した頃から，復興に関する関心の低下は見られてきた。そのような中，東日本大震災に続く大災害が全国各地で頻発し，大震災から 10 年という節目を目前にして，再び，震災復興や防災まちづくりへの関心が高まっている。

　わが国では，東日本大震災を踏まえて，2013 年 6 月に「大規模災害からの復興に関する法律」が制定され，法令で定める「特定大規模災害」に該当する災害までには至らなかったものの，「非常災害」に指定された災害が 2 件発生している。その 1 つは，2016 年 4 月の「熊本地震」であり，もう 1 つは，2019 年 10 月に発生した台風 19 号に関連する災害である。台風 19 号における甚大な被害は東北地方にも及び，仮設住宅が設置されることとなった。このように，近年，わが国においては，災害の甚大化，常態化が顕著となってきており，東日本大震災における震災復興の経験や知見を踏まえた「復興まちづくり」の構築が急務となっている。

　本書は，東日本大震災において，被災地がいかなるプロセスによって，創造的復興を成し遂げていったのか，震災復興を支えてきた自治体や NPO，市民活動団体や社会的企業等のさまざまなステークホルダーが果たした役割やその成果を明らかにしようとするものである。特に，東日本大震災においては，被災地発の新たな「ソーシャルビジネス・コミュニティビジネス」が多く誕生し，地域再生の重要な原動力となっていった。

　東日本大震災の復興過程では，大規模災害からの復旧・復興という社会課題

に向けて，地域の伝統産業の再生や新たな地域産業の創造を目指し，ビジネスの手法によって地域・社会の課題解決を図る「ソーシャルビジネス・コミュニティビジネス」というアプローチが展開されてきた。これらのアプローチの特徴は，「社会的使命（Mission）」を根幹においた社会変革を誘引していく社会的事業であり，「持続性」「社会性」「変革性」を備えた新たなビジネスモデルとして世界的に注目されるとともに，その目標像は，経済的な再生のみならず，人間性の回復，コミュニティの再構築を目指すものである。

　最近では，こうした地域・社会の課題を解決する人材は「社会起業家（Social Entrepreneur）」として認識されるようになっており，社会起業家の有する「アントレプレナーシップ（起業家精神）」は復興まちづくりにおける重要な要素となっている。また，震災復興の過程において，全国のさまざまな企業から支援が集まり，これらも震災復興を支える重要な役割を担った。社会起業家という存在と同時に，それらを支える大企業を中心とした企業体や経済団体等の支援も復興まちづくりに欠かせない要素となっている。

　日本の経済発展を支えてきた代表的な企業はその社会的責任を表すために「CSR（Corporate Social Responsibility）」という活動を展開しており，震災復興における被災地支援はそうした側面からの活動も多いが，さらに，これらの社会的責任という概念を超えて，企業の本業であるビジネスの分野から社会貢献型の新たな事業創造を展開していこうとする「CSV（Creating Shared Value）」といったアプローチが注目を集め，これらは，企業の社会的責任を超えた「社会的企業（Social Enterprise）」として評価されるようになった。

　日本におけるソーシャルビジネスの取り組みは，東日本大震災以前に着手されており，経済産業省は，2008 年に「ソーシャルビジネス推進イニシアティブ」を組織し，ソーシャルビジネス推進のための研究会をスタートさせている。また，全国的な活動としては，全国を 9 ブロックに分けて，ソーシャルビジネス推進のためのブロック協議会の設立を進め，東北では，2009 年 3 月に東北ソー

シャルビジネス推進協議会（TSB）が設置されている。

　ソーシャルビジネス推進イニシアティブに基づく研究会は，2010年2月に「全国規模のSB推進の基本構想」を作成し，その基本構想に基づき，2010年12月には，「一般社団法人ソーシャルビジネスネットワーク（SBN）」が設置された。SBNは，2011年4月から本格始動を予定していたが，東日本大震災の発生により，当初のSBNの活動は震災復興に注力されることになった。震災後は，2012年から2014年にかけて，「ソーシャルビジネスフォーラム」「ソーシャルビジネスメッセ」を東北各地で開催し，震災復興に関わるソーシャルビジネスのモデル事例を「ソーシャルビジネスアワード」として表彰する等，震災復興におけるソーシャルビジネスの発展を支えてきた。

　東日本大震災において，「ソーシャルビジネス・コミュニティビジネス」はさまざまな展開を見せることになった。特に，被災沿岸部は，漁村を中心とする第一次産業の集積地であったため，食産業に関する復興ビジネスモデルが多く誕生した。これらの6次産業化の支援制度は，東日本大震災の直前に整備が進んでいたが，ソーシャルビジネスという観点からは発展途上の段階にあり，震災復興として活用できる十分な支援制度は整っていなかったのが実情であった。その意味からも，本書で取り上げたさまざまな第一次産業を基盤にした事業創造や地域再生の事例は，これから想定される地域課題や災害対応において有効な方法論を提示するものとなろう。

　本書では，以上のような背景を踏まえて，震災復興過程の中で立ち上がっていった7つのケースを取り上げ，それらが，いかにして被災地に根付いたソーシャルビジネスモデル・コミュニティビジネスモデルに発展し，地域再生に貢献していくことになったのかを明らかにするとともに，復興まちづくりプロセスにおけるソーシャルビジネスの役割について検証を進めていく。

　第1章では，石巻市における高齢者の介護・健康課題に着目し，地域主体での事業モデルの構築を目指す，「りぷらす」の取り組みを提示する。第2章で

は甚大な被害のあった南三陸町と隣接する登米市を舞台に 2014 年から開催されてきた,「東北風土マラソン＆フェスティバル」の着想から現在までのプロセスとその成果を紹介する。第 3 章では,震災によって大きな影響を受けた「東北の食」の再興を目的として海外での販路開拓等にも取り組む,「東北・食文化輸出推進事業協同組合」を取り上げる。第 4 章では,石巻市牡鹿地区桃浦をフィールドとして,食や暮らしの分野において資源の循環型モデルの構築を志向する「もものわ」による課題解決のアプローチを示す。第 5 章では,「被災地の人材育成」の観点から,「スモールビジネス」とも呼ばれるミニマムな規模感から起業の足掛かりをつくる,仙台市における「ちっちゃいビジネス開業応援塾」の事例とその成果を提示する。第 6 章は,有志のダイバーによる海中の行方不明者捜索を契機に,現在ではボランティア活動（石巻海さくら）と営利事業（宮城ダイビングサービスハイブリッジ）の両立を果たしている事例のスキームの検証を行っている。最後に,第 7 章では,石巻市北上地区にて,震災によってダメージを受けたコミュニティの再生に向けて,さまざまにアプローチを展開する「ウィーアーワン北上」の事例から,被災地でのコミュニティ再生のあり方を考察している。

　本書において取り上げた事例は,事業やプロジェクトを実際に展開してきた実践者やそれらの団体・組織と協働してきた支援者が執筆している。これらの震災復興の現場を支えてきた実践者や支援者による記録は,東日本大震災という未曾有の大災害から復旧・復興してきた挑戦のプロセスであり,その貴重なアーカイブは,震災復興における経験を後世に伝える重要な示唆を与えるものとなろう。

参考文献

風見正三・山口浩平（2009）『コミュニティビジネス入門—地域市民の社会的事業』学芸出版社。

フラスコイノベーションスクール冊子編集委員会編（2015）『サスティナブル・コミュニティビジネス—震災復興型社会起業家育成塾・フラスコイノベーションスクールの軌跡』せんだい・みやぎ NPO センター。

目　次

《編著者紹介》

風見　正三（かざみ・しょうぞう）担当：緒言
　宮城大学 理事，副学長，事業構想学群長，事業構想学研究科長，教授。

佐々木　秀之（ささき・ひでゆき）担当：第6章，おわりに
　宮城大学 事業構想学群 地域創生学類長，准教授。

《著者紹介》（執筆順）

橋本　大吾（はしもと・だいご）担当：第1章
　一般社団法人りぷらす 代表理事。
　1980年生まれ。理学療法士。2011年に石巻に移住し，2013年にりぷらすを創業，現在に至る。

佐藤　敬生（さとう・たかお）担当：第2章
　一般社団法人まち・ヒト・未来創造研究所 代表理事。
　1973年，大阪府堺市生まれ。震災直後から復興支援活動を展開。2019年4月から兵庫県へ移住し独立，現在に至る。

土合　和樹（どあい・かずき）担当：第3章
　株式会社フィッシャーマン・ジャパン・マーケティング 取締役。東北・食文化輸出推進事業協同組合 事務局。
　1983年，宮城県仙台市生まれ。商社に勤め，インド等での案件に従事の後，2016年にUターン。現在に至る。

森　優真（もり・ゆうま）担当：第4章
　石巻産業創造株式会社 産業復興支援員。6次産業化プランナー（神奈川・宮城）。
　1981年，長崎県生まれ。2014年より石巻市にて主に一次生産者への経営強化支援を行っている。

稲葉　雅子（いなば・まさこ）担当：第5章
　株式会社たびむすび，株式会社ゆいネット 代表取締役。
　1962年，栃木県宇都宮市生まれ。2019年3月，東北大学経済学研究科博士後期課程修了，現在に至る。

髙橋　結（たかはし・ゆう）担当：第6章
　宮城大学 特任調査研究員。
　1990年，岩手県花巻市生まれ。2015年，NPO中間支援組織に所属，2017年より現職。

中沢　峻（なかざわ・しゅん）担当：第7章
　宮城大学 基盤教育群 特任講師。
　1987年，宮城県仙台市生まれ。2013年にUターンし，みやぎ連携復興センターに所属，2017年より現職。

第1章

介護・福祉分野における被災地での挑戦
―一般社団法人りぷらすの事例―

1. はじめに

（1）石巻市について

　石巻市は，宮城県の東部に位置し，県内では仙台市に次いで人口が多い市町村である。2005年に，1市6町村が合併し現在の石巻市となった。人口は，2019年3月末時点で143,701名，高齢化率は32.4%である[1]。なお，震災直前の2011年2月末の人口は162,822名であり[2]，2011年2月から2019年の人口を比較すると，19,121名減少している。

　本章で紹介する，一般社団法人りぷらす（以下，りぷらすと表記する）は，石巻市の東部地域である河北地区（旧河北町）にて設立された。この河北地区は，農業・漁業・林業の第一次産業を中心とした地域であり，石巻市内への就労依存度も高くなっている。2019年3月末日時点での河北地区の高齢化率は37.4%と市町村合併以前の旧石巻市（現在の市の中心部）の30.8%と比べて高い地域である[3]。

（2）帰省，そして東北へ

　東日本大震災発生時，筆者は埼玉県にいた。県内の医療法人に理学療法士として勤めており，震災発生時はちょうど訪問リハビリを終えた時だった。あまりの揺れに，訪問していたお宅の食器棚を押さえていたことが，今も鮮明に記

憶に残っている。訪問していた地域では，震度6強と非常に強い揺れが観測された。何とかして職場へ戻ると，津波が東北の被災地沿岸部を襲う映像がテレビから流れており，実家のある茨城県鹿嶋市も海沿いの町であるため心配になり，帰省を考えた。しかし，3月11日・12日は公共交通機関を含めて移動手段が確保できず，帰省できたのは，震災から2日後の3月13日であった。幸い，家族は無事であり，自宅は揺れによる半壊程度であったものの，ライフラインも止まることなく，両親は無事に生活していた。しかし，両親の精神面の動揺は筆者の想像をはるかに超えて非常に大きく，そのため，3月と4月は実家に帰省し，片付け等の手伝いをすることにした。

　実家の様子が落ち着いたのを機に，東北へ足を運んだ。5月に宮城県岩沼市を訪れ，ある高齢者施設でボランティア活動を行った。その後，6月には有志で「face to face 東日本大震災リハネットワーク」（以下，FTFと表記する）という団体を立ち上げ，東北での本格的なボランティア活動を始めた。その団体では，日本国内はもちろんイギリスやアメリカなど世界各国からボランティアが参加した。

　筆者はFTFの一員として，7月にリハビリテーション支援で初めて石巻市を訪問した。石巻市内でも半島部にあたる雄勝地区（旧雄勝町）という地域に入り，現地の保健師と情報交換しながら，避難所や仮設住宅，および在宅被災者を訪問し，健康状態の調査を行い，また全国からのボランティア受け入れのコーディネートに従事した。そして，2011年12月に，東京に本部を置き震災以前から社会起業家育成を行ってきた，NPO法人ETIC.の「右腕派遣プログラム」[4]を通じて，石巻市へ移住することにした。

　東北へ移住することに迷いはあり，とても悩んだ。縁もゆかりもない東北に行ってどうなるのか，仕事も生活も不透明な中，本当に生きていけるのだろうか，そもそも誰かの役に立つことができるのだろうか，たくさんの不安や悩みを抱えながらも，一大決心をして移住を決めた。

　そこには，被災地へ通いながら活動する中で感じた，そして，自身が勤務していた首都圏と東北地方の比較において見えてきたいくつかの関心事が強く影

響している。1つ目は「社会保障資源の不足」，2つ目は「地方と都市の関係性」，3つ目は「社会における自己有用感」に関することである。

　1つ目の「社会保障資源の不足」については，まさに筆者が行っていたリハビリテーション資源に関するものである。筆者自身が勤務していた埼玉県を含む首都圏では豊富にある医療や福祉の資源が，地方に行けば行くほど少ないということを，被災地での活動で目の当たりにした。同じ社会保障費用を払っているにも関わらず，地域によって受けられる資源の格差が大きいことに驚いた。

　2つ目は「地方と都市の関係性」である。地方では，食料やエネルギーが生産され，それらは都市部へと流通する。そして，地方で生まれ育った若者が大きくなると都会に行き，地方には戻ってこないということも長らく言われていることである。ずっと関東で生まれ育ってきた筆者にとって，震災を契機として，また被災地に足を運ぶ中でこの現実を痛感した。筆者は，自分の知らないところで東北地方から恩恵を受けていたことに気づかされた。

　そして，3つ目は仕事や活動のフィールドとして埼玉と石巻とを比較した時に，どちらの方が人の役に立てるのかということである。「社会における自己有用感」とも言うことができる。例えば，埼玉では，筆者のような理学療法士が1人退職しても，数カ月求人を出せばその穴を埋めるための人員を確保することは可能であり，代わりになる人は一定数いるという感覚がある。しかし，石巻での人員の確保は容易ではなく，自分自身が存在することで少なからず，誰かの役に立つのではないかと感じる場面が多くあった。理学療法士が，筆者らが活動する雄勝地区にはいなかったからである。そこで筆者の場合は，同じ理学療法士として生きていくのであれば，きっと石巻の方が社会の役に立てると考えたのである。

　これらの理由があって，住まいも決まっておらず，また，具体的な仕事も決まっていない中，石巻に移住しようと決意した。

2．震災による地域課題

　石巻市での支援の過程，および移住してからの支援活動の現場では，さらに多くの課題を目の当たりにした。筆者が感じた地域の課題を，下記の2点に絞って述べる。

（1）健康に関する課題

　震災を機に健康状態が悪化した方を目にする機会が多くあった。図表1－1を見ると，石巻市における要介護者は，2011年から2014年にかけて1,445人増加し，わずか3年で約20％も要介護者が増加したことになる。これは，全

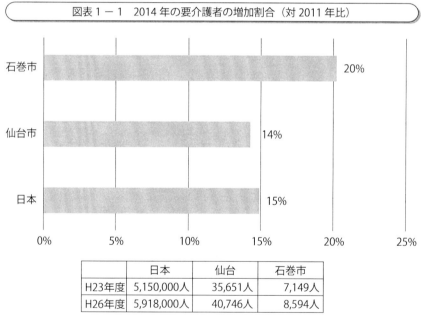

図表1－1　2014年の要介護者の増加割合（対2011年比）

	日本	仙台	石巻市
H23年度	5,150,000人	35,651人	7,149人
H26年度	5,918,000人	40,746人	8,594人

出所：内閣府『平成30年度版高齢社会白書』，仙台市『高齢者保健福祉計画・介護保険事業計画』平成27年度から平成29年度，石巻市『高齢者福祉計画・第6期介護保険事業計画』をもとに作成。

国平均および，仙台市の数値と比べても高い割合である。

　実際に，仮設住宅や在宅被災者のご自宅に訪問すると，震災前は元気だったと話された方でも，震災を機に病気を発症したり，介護が必要になる方が多くいることを実感した。

（2）居住環境の変化に伴う課題

　石巻市は，死亡・行方不明者，住居被害において，東日本大震災における最大の被災地である。仮設住宅（応急仮設住宅，みなし仮設住宅）に入居していた人が最も多かった 2012 年 6 月には，32,270 人が仮設住宅に入居していた。仮設住宅へ入居した人はもちろん，その地域に住み続ける人にとっても，居住環境の変化によって人との交流の機会が減り，そして中には孤立する方がいた。

　また，同一の集落ではなく，さまざまな地域から集まった人によって構成される仮設住宅では，一からコミュニティを作る必要性があった。さらに，仮設住宅は完全にバリアフリー仕様となっていなかったり，新しい家電になったために操作方法がわからず困惑する人も多くいた。2011 年に実施された，石巻市での仮設住宅バリアフリー化事業では全入居戸数の 16.0％，951 戸が何らかの支援を必要としていた。そして，2012 年に行われた仮設住宅住民からの聞き取り調査では，自宅外での人との交流機会は「週 1 回」が 12.1％，「月 1 回」が 4.8％，「ほとんどなし」12.2％と「週 1 回」に満たない割合が 17.0％と，仮設住宅での人との接触機会の創出が課題として浮き彫りになった（千葉，2015）。

3．りぷらすの設立

（1）事業開始のきっかけ

　筆者は 2013 年 1 月に「一般社団法人りぷらす」を登記し，5 月に事業を開始した。

　事業を始めようと思ったきっかけは，ある高齢者の方との出会いである。2011 年にお会いしたその方は，震災前は普通に畑仕事をしていたが，震災を

機に自宅に閉じこもりがちになり，また，転倒を繰り返すようになった。その後，さらに状態は悪化し，誤嚥性肺炎が原因で入退院を繰り返すようになり，そのまま亡くなってしまった。その方以外にも，同じように震災後に介護が必要になり，そして悪化していった多くの人を見てきた。

　それまで筆者らは，宮城県から事業を受託し支援活動を行っていたが，活動の継続性や柔軟性の面を考えた際，委託事業の限界を感じ，2012年の春頃から起業を志すようになった。

　2012年の夏，起業に向けて，具体的に行動を開始した。起業に関しては，前述のNPO法人ETIC.が公募していた「みちのく起業」に応募し，採択され，同NPO法人による支援を受けながら起業の準備を進めた。まさに初めてのことばかりだったため，筆者にとっては専門機関による支援を受けられたことは本当にありがたかった。また，2012年の冬に，仙台市において起業支援を行う一般社団法人MAKOTOから，起業後の事業の運営について支援を受けることができたことも非常に有意義であった。

　そして，2013年1月，法人を設立し起業を果たした。立ち上げメンバーは3名だった。石巻市在住の作業療法士，一緒に石巻に支援に入った作業療法士，筆者の3名が理事となった。法人格を選ぶにあたり，一般社団法人を選んだ理由は，NPO法人では法人登記までの準備に多くの時間を要するため，早期に事業を開始する必要があったことである。また，営利を主たる目的とはしていなかったため，非営利型の一般社団法人を選択した。

　「りぷらす」の理念とビジョン，ミッションは下記の通りである。

＜理念＞
子供から高齢者まで病気や障害の有無にかかわらず地域で健康的に暮らせる社会を創造する

＜VISION：私たちの目指す社会＞
健康的な「ありたい暮らし」をカタチにできる社会を目指す

<Mission：私たちの使命>
私たちに関わる人々及び私たち自身が，健康的な「ありたい暮らし」をカタチにするために最適な取組をする

また，図表1-2に，これまで述べてきたことを，まとめている。

図表1-2　活動年表

年	月	出来事
2011年	5月	筆者が宮城県への災害ボランティア活動開始
	6月	災害ボランティア団体「face to face 東日本大震災リハネットワーク」を有志で設立
	7月	宮城県石巻市での支援活動開始
	12月	筆者がNPO法人ETIC.「右腕派遣プロジェクト」に参画，石巻市に移住
	12月	宮城県復興基金事業受託
2012年	7月	NPO法人ETIC.「みちのく起業」採択
2013年	1月	一般社団法人りぷらす設立
	5月	介護・障害福祉事業開始
2014年	9月	コミュニティーヘルス事業開始
2015年	3月	登米市にて，介護・障害福祉事業開始
2016年	4月	仕事と介護の両立支援事業開始

出所：筆者作成。

（2）事業モデルの構築

　前述の通り，2013年1月に一般社団法人化を行い，りぷらすは社会性に加えて，事業性を高めるべく取り組んできた。震災復興過程であったため，多くの助成制度や支援制度が設けられており，事業を進める中でりぷらすもそれらの制度を活用してきた。それは，必ずしも計画的に用いたというよりは，出会った多くの人から情報提供を受け，試行錯誤しながら制度を活用していった中，結果として，以下の3つの事業の柱の構築につながっていった。

　図表1-3に，りぷらすが関係する支援団体および構築した事業モデルを示した。活動資金を調達する過程において，JPF（ジャパン・プラットフォーム）

図表1−3　りぷらすの事業モデル

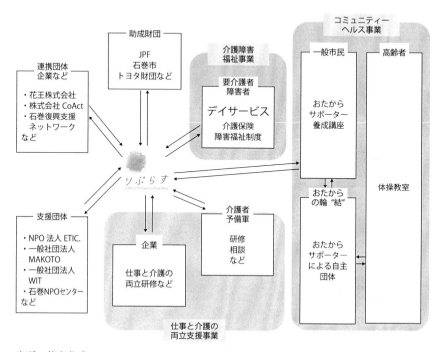

出所：筆者作成。

やトヨタ財団などの民間ファンドや石巻市などの行政の支援を活用している。これら以外にも，助成をうけた団体はある。企業によるCSR活動との連携も行っている。花王株式会社をはじめとする企業や，石巻をエリアに活動するNPO中間支援組織である，石巻復興支援ネットワークなどの非営利組織との連携事業がそれにあたる。その他にも，何らかの格好で支援を受けている団体として，支援団体の括りで明記した組織がある。これは資金獲得の相談をきっかけに始まった関係ではあるが，営利および非営利に関する経営ノウハウや組織のガバナンスに関する知見の提供があった団体である。こうした団体や企業より，物心両面での支援を受けながら，自らの経験と知識を活かして，以下の3つの事業を構築することができた。

図表1－4　りぷらすの事業の全体像

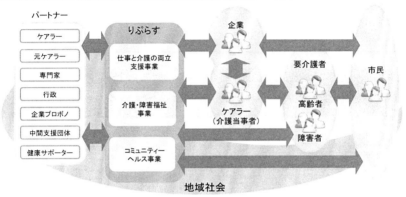

出所：筆者作成。

　3つの事業とは，1）介護障がい福祉事業，2）コミュニティヘルス事業，3）仕事と介護の両立支援事業である。りぷらすでは，介護に関わる当事者，家族だけではなく，その予備軍である一般高齢者や地域住民，そして介護する従業員を抱える企業などと協働しながら，理念の実現に取り組んでいる。図表1－4にそのイメージを示した。りぷらすの支援に関わってくれるパートナーとの連携，地域社会との協働がりぷらすの事業のポイントである。以降，りぷらすで実施している3つの事業についての説明を行う。事業を通じて，1）介護状態の改善と卒業，2）介護状態の予防，3）介護うつ・介護離職の予防を目指している。

４．りぷらすの３つの事業について

（１）介護障害福祉事業

　介護障害福祉事業は，介護保険制度と障害福祉制度に基づく事業であり，国の支援を得ることができる。これは2013年5月から開始しており，震災により健康状態が悪化した人々を多く目にし，実際に関わっていくなかで，そうした状況の改善ができる質の高い仕組みを構築できないかと考えたところから始まった。

　考案した仕組みが，1つの施設内において，介護が必要な方に提供する事業と障害のある方に提供する2つの事業を同時展開することであった。介護と障害を制度の縦割りに準じて別個に対応するのではなく，複合的な仕組みを構築し，運用する必要があると考えたのである。事業を運営するうえでは，介護と障害のそれぞれに特化した施設で運営する方が効率は良いが，あえてそれを一緒にすることにより，地域の多様な方が関わることのできる事業展開につながっていった。介護を必要とする方と障害を抱える方の交流だけでなく，関係者の交流，ひいてはイベントを通して地域住民との交流が生まれており，施設はその拠点となり得ている。具体的には，本事業で，要介護者や障害児・障害者向けのサービスを実施している。制度は，「通所介護サービス」，「基準該当生活介護・自立訓練サービス」，「日中一時支援サービス」を活用して事業を実施している。

　2013年5月より石巻市河北地区でデイサービスを開業，その後，2015年3月に登米市佐沼地区でデイサービスを開設し，事業エリアの拡大もあった。登米市は石巻市と隣接しており，ここに石巻市に関連する避難者が多く住んでいたことが，エリア拡大の理由であった。

　2013年5月〜2018年9月までに，石巻市と登米市の双方の施設を3ヶ月以上利用した人数は合計260名であった。デイサービスを利用した結果，サービスが不要となった利用者の割合，サービスから卒業された方は8.1％，21名で

あった。図表1－5はこの間の利用者の情報である。

　図表1－6にデイサービスから卒業した方の介護度別の割合を示した。最も多いのが「要支援2」であり47%，2番目に多いのは「要介護2」の23%，3番目は「要支援1」の18%であった。

　図表1－7はデイサービスから卒業した方の変化の写真である。この方は，利用開始時は89歳で「要介護3」であった。2013年6月から週に2回，りぷらすのデイサービスを利用した。利用開始時の目標は，「自宅のトイレまで（約15m）なんとか楽に歩いていけるようになりたい」というものであった。その後，順調に歩行能力は改善していき，やがて自宅の庭の草取りや近所の知人の家までお茶を飲みに歩いていけるようになった。週に2回だったデイサービスの利用は，状態の改善とともに週1回 → 月2回 → 月1回と少しずつ減らし

図表1－5　利用者の情報

平均年齢	76.9歳（42歳～92歳）
平均介護度	要支援2.5（要支援1～要介護3）
男女比	男性48%，女性52% （男性10名，女性11名）
平均利用期間	15.1月（2.5ヶ月～53ヶ月）
介護給付費	6,984,000円／年（卒業した方が介護保険サービスを1年間使った場合の費用）

図表1－6　デイサービスから卒業した人の介護度の割合

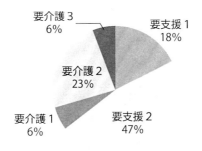

図表1－7　デイサービスから卒業した方の様子

利用開始から2週間　　利用開始から6週間　　利用開始から2ヶ月　　デイサービスからの卒業時
　　　　　　　　　　　　　　　　　　　　　　　　　　　　　　　　利用開始1年10ヶ月

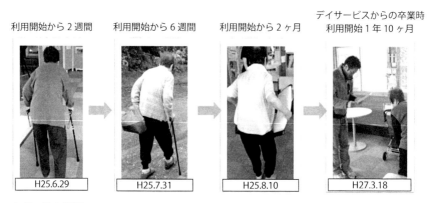

出所：筆者撮影。

図表1－8　デイサービス利用者の下肢の筋力の変化（人，％）

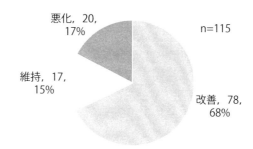

出所：筆者作成。

ていきながら様子を見ていった。そして，結果的にサービスの利用開始から1
年10カ月でデイサービスから卒業することとなった。

　図表1－8は，2015年10月〜2018年9月までの3年間において，新規に
当施設を3カ月以上利用した，115名の方のデータである。利用開始から3カ
月後の下肢の筋力の変化を調査した結果，全体の67.8％となる78名に改善が
みとめられ，14.8％の17名が維持するという結果を得ることができた。

（2）コミュニティーヘルス事業

　本事業は 2014 年から開始した。先に述べた介護障害福祉事業を展開していく中において，未然に「予防」する必要性を強く感じた。震災により健康状態が悪化する方が増加していく中，地域の住民同士で支えあう，何らかの仕組みが必要であると考えたのである。専門家が主導するのではなく，地域住民を巻き込んだ，住民主体の取り組みであることが理想であり，その結果，地域の自助力・互助力の向上につながることを狙いに，「おたがいカラダづくりサポーター」（通称，おたからサポーター）の育成プログラムの開発に辿り着いた。体操のメニューを考案し，体操の指導者となるおたからサポーターの養成に取り組むことにした。プログラムによって誕生したおたからサポーターは，それぞれの地域において，独自に高齢者向けの体操教室を実施している。

　2014 年 9 月より，宮城県石巻市にて住民主体の「健康づくり」と「コミュニティー作り」を目的とした，おたからサポーターの育成講座を，理学療法士 1 名，社会福祉士 1 名で開始した。このおたからサポーター制度は，テレビ番組で多数放映され，他地域での事業展開にもつながっていった。以下，事業の概要である。

　図表 1 - 9 におたからサポーター養成講座の概要を示した。まず，担い手となる住民の募集から始まる。担い手は地域住民であるが，具体的には表に示したように定年退職者や福祉関係者など，多様な方からの応募があった。講座は 12 時間受講するものであり，加えて 4 時間の現場研修をうける。修了すれば，おたからサポーターとして認定される。認定されたサポーターは，それぞれの地域において，おたから体操をもちいた体操教室を実施する仕組みである。サポートとして，同窓会や勉強会を定期的に実施し，そこからステップアップ講座の開催に発展していった。

　以下，おたからサポーターの 4 年間の活動の推移である。

　図表 1 - 10 より，2014 年〜 2018 年にかけて，体操教室の場所数と開催数は，3 年目までは増加してきていることがわかる。4 年目は体操教室の運営がほぼ自主運営となり，サポーター自身で適正規模を検討し回数を抑制したことを要

図表1－9　おたからサポーター養成講座の全体像

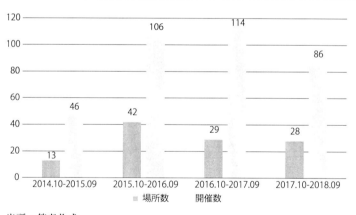

出所：筆者作成。

図表1－10　体操教室の開催場所数と開催数

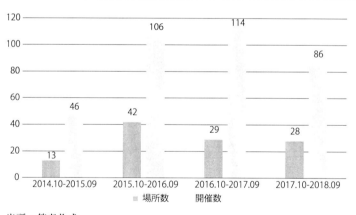

出所：筆者作成。

因としてやや減少している。

　図表1－11は，おたからサポーターとして活動する人と，体操教室に参加する地域の住民の数の推移である。体操教室の場所数および開催数と同様，3

図表1－11　体操教室を運営する，おたからサポーター活動者数と教室への参加者数

出所：筆者作成。

図表1－12　おたからサポーター講座の自主運営率の推移

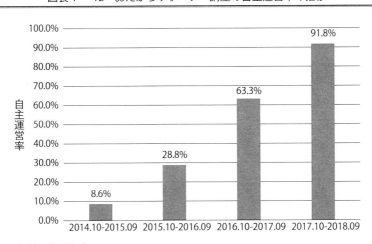

出所：筆者作成。

年目までは上昇し，4年目は減少した。

　図表1－12は，おたからサポーター講座の自主運営率の推移を示したグラフである。

　自主運営率は，4年間毎年向上し続けており，5年目の初月では100％となり，完全に住民主体での体操教室を実現するに至っている。

（3）仕事と介護の両立支援事業

　3番目の事業となる仕事と介護の両立支援事業は，介護に関わる家族に対する取り組みである。本事業に取り組んだ契機は，デイサービス利用者の家族の方と接するにつれて，介護離職をせざるをえないケースや介護うつに悩む方の存在に気づき，その方々をサポートする仕組みが必要だと考えたことにある。本事業は2015年から実施している。内容は，企業に対する仕事と介護を両立させるための研修や，一般の方や地域住民向けの啓発活動である。行政の支援制度では該当しない，狭間にいる方の支援につながる仕組みを構築中であるが，この問題への対応は欠かせないものとなっている。

　図表1－13に，仕事と介護の両立に関わる研修や相談会の開催数と参加者数をまとめた。また，図表1－14は，2016年10月～2017年9月までの相談者の相談内容の概要である。介護者は，介護に関わることを通じて，さまざまなことに悩んでいることがわかる。

図表1－13　仕事と介護の両立支援事業

年	開催数	参加者
2016	10	128
2017	12	93
2018	5	82

出所：筆者作成。

図表 1 − 14　介護に関わる相談内容一覧

	性別	年齢	同居・別居	仕事の有無	主な相談内容 1	主な相談内容 2	主な相談内容 3
1	女	20 代	別居	無	離れて暮らす実祖母	うつについて	閉じこもり
2	女	48 歳	同居	有	離れて暮らす実母		
3	女	44 歳	別居	有	離れて暮らす実父母		
4	女	40 代	別居	有	実母の介護	介護と仕事の両立	介護と仕事と育児の両立
5	女	40 代	別居	無	離れて暮らす実父母	病気の事	
6	女	40 代	同居	有	トリプルケア（義父母）	精神的に限界	
7	男	60 代	別居	有	仕事と介護の両立（実父）	認知症について	
8	女	40 代	同居	有	仕事と介護の両立（義父母）		
9	女	50 代	別居	有	離れて暮らす実母	認知症について	施設について
10	女	50 代	別居	有	離れて暮らす実父	手術後の生活について	地域包括支援センターについて
11	女	30 代	別居	無	離れて暮らす実父母	将来の介護	仕事の復帰
12	女	30 代	同居	無	同居している義曾祖母の介護	子育ての両立について	
13	女	20 代	別居	無	同居する義父について		

出所：筆者作成。

5．今後の展望―おわりにかえて―

　以上，りぷらすの事業の設立経緯から，この間の運営状況について述べてきた。東日本大震災に際し，ボランティア活動を通して，被災地に活動の場を得ることになり，多くの支援者との関わりの中で，独自の事業モデルを構築し，事業としても軌道に乗せることができてきた。活動の継続のためには事業性が不可欠であり，以下に事業の状況を紹介しておきたい。

　図表 1 − 15 は，第 1 期〜第 6 期の収益の推移である。震災復興に関する助成金を活用したのは第 3 期〜第 4 期がピークであった。以降，助成金の公募そのものが減少していった中，りぷらすでは事業収入を増加させていったのであり，結果として，助成制度を上手く活用し，事業のさらなる展開につなげるこ

図表 1 - 15　収益の推移

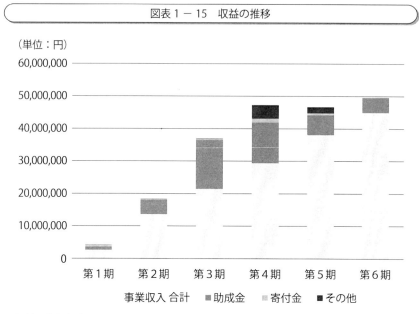

出所：筆者作成。

とができた。助成金を最も多く使った時期は，コミュニティーヘルス事業における「おたがいカラダづくりサポーター養成講座」の立ち上げの時期と重なる。

　最後に，今後の展望について述べておきたい。それは，介護に関わるすべての人々が未来を拓きながら生きることができるように力を尽くしていくということである。介護に関わる人とは，仕事として介護に関わる介護職や医療・福祉職，介護が必要な当事者や家族，そして介護する社員がいる企業などである。そこでは，既存の働き方の仕組みを改善，改革していくことが今求められている。そして，現在の介護サービスの質の向上を追求し，他社も模倣できるモデルにしていくことが必要である。また，介護する家族に対する，制度の狭間を超えた支援の仕組みを開発することが喫緊の課題である。そして，企業については介護の実状を自分事として知ってもらう機会の提供が必要である。これらを１つずつ，成し遂げていきたい。そして，これらは石巻や東北で必要とされ

ていることであると同時に，全国的にも必要とされてきていることである。東北で行ってきたことを，いずれは日本や世界の未来につなげていきたい。

【注】

1）石巻市（2019）による。石巻市住民基本台帳登録数。
2）2011年2月末日時点，石巻市住民基本台帳登録数。
3）注1）と同じ。
4）NPO法人ETIC.が実施する事業であり，東北の復興に向けた事業・プロジェクトに取り組むリーダーのもとに，その「右腕」となる有能かつ意欲ある若手人材を派遣する取り組みである。2015年7月時点で，119のプロジェクトに214名の人材を派遣している（NPO法人ETIC.ウェブページより）。

参考文献

石巻市（2019）『石巻市の高齢化率について』，https://www.city.ishinomaki.lg.jp/cont/10401000/700/20160202162758.html，（2019年11月11日最終アクセス）.

NPO法人ETIC.ウェブページ『右腕プログラム』，https://www.etic.or.jp/recovery leaders/activity/migiude，（2019年11月11日最終アクセス）.

千葉智子（2015）「東日本大震災における宮城県石巻市での公的理学療法士の活動」『理学情報ジャーナル』49(3)，医学書院，pp.243-247.

橋本大吾（2015）「東日本大震災後の石巻における民間組織でのリハビリテーション支援活動」『理学情報ジャーナル』49(3)，医学書院，pp.249-252.

第 2 章

「風と土」の融合による
新たな事業モデルの創造

―東北風土マラソン&フェスティバルの事例―

1．はじめに

　東日本大震災からの復興を目的に，2014 年から毎年開催している「東北風土マラソン&フェスティバル」（以下，本大会）は，震災による大津波で未曾有の被害を受けた宮城県南三陸町と，南三陸町に隣接し被災沿岸部への復興支援活動のハブ拠点となった宮城県登米市が共催となり，官民連携で 2019 年 3 月まで過去 6 回開催されてきた。筆者は，神戸に本部のある NPO の東北復興支援責任者として，宮城県南三陸町で復興活動を展開している際に，本大会の発起人代表である竹川隆司と知り合い，筆者も本大会の発起人の一員，また実行委員会の事務局長に就任することになった。現在は，事務局長は退任したものの実行委員の一員として携わっている。本大会は，まさに震災ボランティアで東北に関わった者たちが結集し，いわゆる「よそ者・若者・馬鹿者」が中心となって誕生した代表的な取り組みと言えよう。なぜならば，発起人代表の竹川本人は神奈川県出身で，当時ニューヨークで事業を展開していた。また，筆者は大阪出身であり，また他の中心メンバーもすべて宮城県外の出身者で，筆者も含めてマラソン大会運営の経験は無く，まったくの素人の立場からの動き出しであった。しかしながら，「本大会は，必ずや被災地の復興に大きな貢献が

できる」という，竹川や筆者を中心としたボランティア有志の熱い想いが重なり，2014 年 1 月に第一回大会の開催を果たし，無事に成功裏に収めることができ，その後も 6 回にわたり開催を続けている。本章では，その活動報告の一端として，これまでの成果と課題を紹介する。

2．東日本大震災の被災地と開催地の状況

（1）宮城県南三陸町および登米市について

　東日本大震災で甚大な被害を受けた南三陸町は，人口は 12,732 人（南三陸町，2019）である[1]。宮城県の北東部，本吉郡の南部に位置し，沿岸部は三陸特有のリアス式海岸を有する。三方を標高 300 〜 500m の山に囲まれ，海山が一体となった豊かな自然環境を形成しており，沿岸部一帯は三陸復興国立公園の指定を受けている。また，ギンザケ，カキ，ホタテ，ホヤ，ワカメ，タコなどの水産業が盛んで，中でもギンザケは日本で初めて養殖に成功した発祥の地と言われている。また，東北風土マラソン＆フェスティバルの会場である登米市は，人口が 78,410 人（登米市，2019）である[2]。宮城県の北部に位置し，古くから米の名産地として知られており，ササニシキ，ひとめぼれ，コシヒカリ等の主要銘柄を産出している。また，肉用牛の飼育でも東北随一の生産量を誇る。2014 年の市町村別肉用牛産出額は 67 億円で全国 8 位，本州では 1 位[3]であり，また，2017 年の市町村別農業産出額は青森県弘前市の 371 億円に続いて 303 億円と東北地方第 2 位（全国では 24 位）[4]であり，農業・畜産業ともに盛んな土地である。上記の南三陸町と登米市は隣接しているため，生活圏・経済圏を共有し，観光などの産業面においても連携が盛んである。

（2）震災による被害

　南三陸町は東日本大震災によって，死者 620 人（直接死 600 人，間接死 20 人），行方不明者 212 人の人的被害があった。他方，家屋（以下，括弧内は全戸数に対する割合）については，全壊が 3,143 戸（58.62％），半壊・大規模半壊が 178 戸

22

（3.32％）であり，合わせて計3,321戸，全戸数の6割弱が壊滅的な被害を受けた[5]。また，登米市は，海に面しておらず直接津波の被害は受けなかったものの，死者28人（直接死19人，関連死9人），行方不明者4人，家屋については全壊201戸，大規模半壊441戸，半壊1,360戸，一部破損3,364戸という被害状況であった[6]。特に南三陸町においては，庁舎が津波で流され，多数の職員が死亡または行方不明となる等，発災直後は行政機能が一時的に麻痺する事態に陥り，その回復には時間を要した。

（3）震災によって引き起こされた課題

　東日本大震災に起因する地域課題には，大きく分けて以下の3つがあると考える。第一に，「過疎に拍車をかけた急速な人口減少」，第二に，「基幹産業である農業や漁業の被害」，第三に「地域経済や雇用効果の即効性が高い観光産業の被害」である。

　まず，第一の「人口減少」については，図表2－1に示す通り，県全体として2011年の震災によって大幅に人口が減少し，2012年・2013年に微増したものの，2014年以降は減少傾向にある（宮城県，2015）。また，図表2－2にある

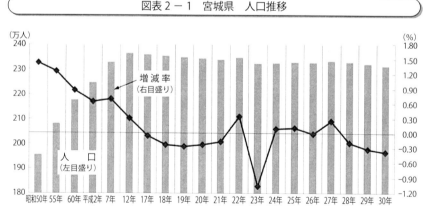

図表2－1　宮城県　人口推移

出所：宮城県震災復興・企画部統計課（2018）より引用。

図表 2 - 2　宮城県　広域圏別人口増減率の推移

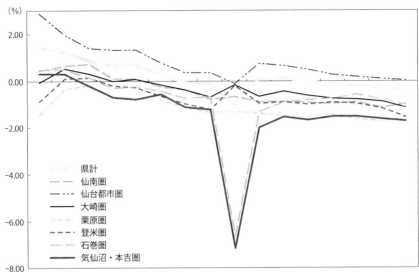

出所：宮城県震災復興・企画部統計課（2018）より引用。

　通り，広域でみると，仙台圏は増加傾向ではあるが，南三陸町を含む沿岸北部
（図表中の「気仙沼・本吉圏」）の減少率が他のエリアと比較しても相対的に高く，
震災以後も継続して人口流出が進行している状況にある。

　続いて，農業・漁業における被害も甚大なものであった（図表 2 - 3）。東
日本大震災では被災地域が広域に及んだことから，被害額は新潟県中越地震
（1,330 億円）の約 18 倍，阪神・淡路大震災（900 億円）の約 27 倍となる 2 兆 4
千億円となっている（農林水産省，2012）。

　最後に，観光産業においては，図表 2 - 4・2 - 5 より，徐々に回復し震災
前の水準に近付きつつあるものの，国外からの観光客については，風評被害の
影響等によって伸び悩み，全国的なインバウンド急増の効果を享受できていな
いのが現状である。

図表 2 − 3　農林水産関係被害状況

区分		主な被害	被害数	被害額 (億円)	主な被害地域
農地・農業 用施設		農地の損壊	18,174か所	4,006	青森県，岩手県，宮城県，秋 田県，山形県，福島県，茨城 県，栃木県，群馬県，埼玉県， 千葉県，神奈川県，長野県， 静岡県，新潟県
		農業用施設等の損壊	17,502か所	4,835	
	小計		35,676か所	8,841	
農作物等		農作物，家畜等		142	青森県，岩手県，宮城県，秋 田県，山形県，福島県，茨城 県，栃木県，群馬県，千葉県， 山梨県，長野県，新潟県
		農業・畜産関係施設		493	
	小計			635	
林野関係		林地荒廃	458か所	346	青森県，岩手県，宮城県，秋 田県，山形県，福島県，茨城 県，栃木県，群馬県，千葉県， 新潟県，山梨県，長野県，静 岡県，高知県
		治山施設	275か所	1,262	
		林道施設等	2,632か所	42	
		森林被害	(1,065ha)	10	
		木材加工・流通施設	115か所	467	
		特用林産施設等	476か所	29	
	小計		3,956か所 (1,065ha)	2,155	
水産関係		漁船	28,612隻	1,822	北海道，青森県，岩手県，宮 城県，福島県，茨城県，千葉 県，東京都，神奈川県，新潟 県，静岡県，愛知県，三重県， 和歌山県，徳島県，高知県， 大分県，宮崎県，鹿児島県， 沖縄県から被害報告。(さら に，富山県，石川県，鳥取県 の漁船が被災地で係留中，上 架中に被害。)
		漁港施設	319漁港	8,230	
		養殖施設		738	
		養殖物		597	
		市場・加工施設等 共同利用施設	1,725施設	1,249	
	小計			12,637	
合計				24,268	

(注) 被害額について，数値は四捨五入しており，合計とは一致しない。
出所：農林水産省 (2012) より引用。

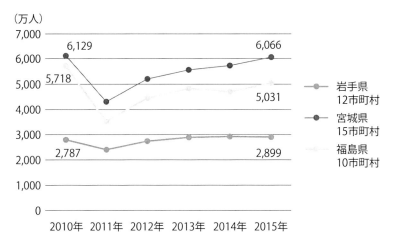

図表 2 － 4　被災 3 県の観光客入込数

出所：五十嵐・川﨑（2017）より引用。

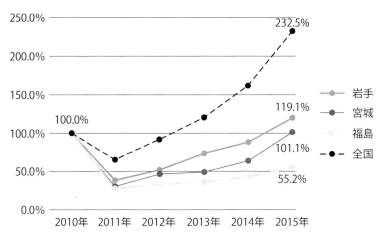

図表 2 － 5　外国人延べ宿泊者数の伸び率

出所：五十嵐・川﨑（2017）より引用。

3．本大会の経緯

（1）本大会を始めたきっかけ

　震災当時，代表の竹川隆司は，ニューヨークから東京への出張中に被災した。仕事の関係ですぐアメリカに戻ったが，そのアメリカで，タクシー運転手，ホテルのコンシェルジュ等，多数のアメリカ人から，「日本は，日本人は大丈夫か？」と心配され，労うような暖かい声をかけられた。その経験から「日本人の一人として何かやりたい」という想いが強くなり，そのことが本大会を開催するきっかけとなった。実は，竹川自身がランナーとして，過去にフランスのメドックマラソンに参加した経験があった。その際に，地域に及ぼす効果の大きさを実体験していたため，「メドックマラソンの日本版を東北で開催すれば，復興への大きな貢献になる」という考えから，多くの賛同者，協力者を集め，その「人のつながり」や「ご縁」を基盤として本大会の開催が実現したのである。

図表 2 － 6 　フランス・メドックマラソンの様子

出所：竹川隆司撮影。

（2）筆者と被災地の関わり

　また，筆者は，東日本大震災当時，竹川と同じく東京で被災したが，神戸に本拠地を構える NPO の東北復興支援責任者として，震災発生の 12 日後である 2011 年 3 月 23 日から宮城県南三陸町に入り復興支援活動を開始した。延べ約 35,000 人が参加した「ボランティアの中間支援組織機能」の立ち上げや，「南三陸福興市」「語り部プロジェクト」「児童館建設」「仮設さんさん商店街」の企画運営等，数多くの南三陸町の復興プロジェクトに携わった。その結果，南三陸町の行政や地域住民と，さらには隣接している登米市の行政や地域住民とも顔の見える信頼関係を自然に育むことができた。そのような中，竹川と筆者は，ボランティア仲間を通じて 2012 年に南三陸町で知り合い，「数年経つと必ず産業復興がテーマになる」と考えていた筆者は，竹川が提案する本大会の趣旨や思いに共感し，共に開催実現に向けて動くこととなった。だが，当時，竹川はニューヨーク在住だったため，筆者が東北側の大会現地責任者として，地元の賛同や協力者を集める役割を担うこととなり，本大会の発起人および事務局長として，竹川らと共に本事業の企画段階から携わった。なお，開催地については，当初は筆者の主たる活動地でもある南三陸町で企画していたが，「道路の封鎖など町の緊急課題である復興事業に遅れが生じてはいけない」という理由から再検討が必要となった。その後の検討の結果，南三陸町の住民 351 戸が住む最大規模の仮設住宅である「南方仮設住宅」のある登米市で開催することとなった。

（3）現在の事業実施体制と重点項目

　当初は発起人らによる想いから始めた本大会であるが，今では先述のような震災による地域課題を念頭に，2014 年の第 1 回大会開催以降 2019 年にかけて，通算 6 回開催するに至っている。発起人代表の竹川を中心に民間有志で設立した「一般社団法人東北風土マラソン＆フェスティバル」が主体となり，宮城県南三陸町，登米市，地域団体と共に実行委員会を組織し，東北の地域振興・地方創生に資するモデル樹立を目標に，官民連携体制で開催している。現在，大

28

図表2－7　2019年大会のコースマップ

出所：「東北フードマラソン 2019 コースマップ」より引用。

会の方向性としては大きく4つの重点項目を据えて取り組んでいる。

　第一に，マラソン大会に加えて「食と日本酒」のフェスティバルを同時開催し，独自性と相乗効果を生み出す。第二に，開催地である登米市のみならず，広く東北ゆかりの食や日本酒，伝統芸能などの魅力を集結させ，より事業の魅力を高める。第三に，キッズイベントなど地域の子どもたちが参加しやすい企画の運営や，マラソンコース近くに住む近隣住民の方々と共にランナーを激励する応援企画の実施など，地元に継続して根づく取組みとなるよう努める。第四に，インバウンドを集客するコンテンツと仕組みを確立する。これらの重点項目に対して，世代や地域を超えた実行委員会組織を中心とした多様な主体による連携によって取り組みが展開され，交流人口の拡大と地域経済への波及効果を生み出してきた。

図表2－8 スタート地点の様子

出所：（一社）東北風土マラソン＆
フェスティバル。

図表2－9 エイドステーションの様子

出所：（一社）東北風土マラソン＆
フェスティバル。

図表2－10 メイン会場の様子

出所：（一社）東北風土マラソン＆
フェスティバル。

図表2－11 エイドステーションの様子

出所：（一社）東北風土マラソン＆
フェスティバル。

図表2－12 エイドステーションでの
地場産品（栗原いちご）の提供

出所：（一社）東北風土マラソン＆
フェスティバル。

図表2－13 コースの様子

出所：（一社）東北風土マラソン＆
フェスティバル。

図表 2 - 14　活動年表

年	月	出来事
2012 年	5 月	竹川と筆者が南三陸町で初めて出会う
2013 年	9 月	フランスメドックマラソンと提携
2014 年	4 月	東北風土マラソン&フェスティバル 2014 開催
〃	11 月	一般社団法人東北風土マラソン&フェスティバル設立
2015 年	4 月	東北風土マラソン&フェスティバル 2015 開催
〃	9 月	2015 年度「グッドデザイン賞」を受賞
2016 年	2 月	「観光王国みやぎおもてなし大賞」大賞を受賞
〃	4 月	東北風土マラソン&フェスティバル 2016 開催
〃	6 月	第 4 回スポーツ振興賞「観光庁 長官賞」を受賞
〃	9 月	スポーツ文化ツーリズムアワード「10 選」入選
2017 年	3 月	東北風土マラソン&フェスティバル 2017 開催
〃	6 月	第 5 回スポーツ振興賞「大賞」を受賞
〃	10 月	「beyond2020 プログラム」の認証事業に認定
2018 年	1 月	香港ストリートソンと提携
〃	3 月	東北風土マラソン&フェスティバル 2018 開催
〃	8 月	復興大臣より感謝状授与
2019 年	3 月	東北風土マラソン&フェスティバル 2019 開催

　図表 2 - 14 にこれまでの主な活動を示した。2013 年のメドックマラソンとの提携においては，代表発起人の竹川からメドックマラソンの委員長に送った，マラソンにかける復興支援への思いを込めた一通のメールから交流が始まり，提携に結びついている。また，2014 年 4 月に第 1 回目の「東北風土マラソン&フェスティバル 2014 開催」とあるが，当初，地元理解を得るために，2 月の大雪の中，会場である長沼周辺の約 200 戸の家庭へ，スタッフ一同，マラソンの趣旨を説明するための個別訪問を行っている。加えて，2014 年の大会は，長沼の沿道を周回コースではなく折り返しコースとしていたが，その後，宮城県による長沼周回道路工事があり，2015 年大会から周回コースとして大会を開催することが可能となった。そのため，ランナーにとって大変走りやすいコースとなり，本大会のメイン企画でもある，コース上で東北の食をラン

ナーに提供するエイドステーションの運営も大幅に改善され，参加者の満足感を高めることにつながった。上記のように，大会運営者の復興への熱い思いや多くの関係者の努力の結果，さまざまな幸運も重なって，多数の賞を受賞することにもなり，さらには香港ストリートソンなど，海外の有名マラソン大会とのご縁にも広がることになった。

（4）事業モデルについて

　図表2−15の中央に位置する「東北風土マラソン＆フェスティバル実行委員会」（以下，実行委員会とする）が中心となって大会運営を行っており，実行委員会の中央にある一般社団法人が，広報・会計の役割を担っている。図中左の「登米・南三陸エリア」の主体は，主に大会運営の準備，ボランティア管理，地元広報・協賛活動，当日の危機管理（警察・消防・医療等）の役割を担っている。図中右の地域外の主体は，主に，企業協賛・ボランティア管理の役割

図表2−15　本大会の事業モデル

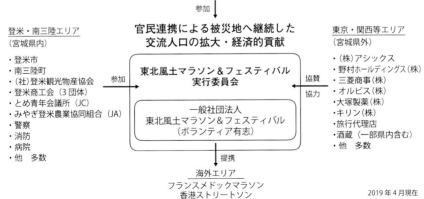

出所：筆者作成。

を担っている。実行委員会の年間スケジュールとしては，大会開催の約8カ月前から実行委員会を発足し，以降，月1回程度の会議により協議を重ね，並行して企業へ協賛・協力の提案を行っている。大会約6カ月前にはランナーエントリー用のホームページを開設し，ランナーとボランティアの募集を並行して行っている。特に，広報活動には力を入れており，さまざまなメディアのご協力により，記事や取材に取り上げていただいた。また，東京都営地下鉄の駅広告や中吊り広告に，東北風土マラソンのチラシやポスターを掲示していただくなど，周知活動には積極的に力を入れている。

4．事業の成果と課題

（1）事業の成果

過去6回の参加者数については，ランナーに関しては図表2－16の通り，開催ごとに順調にエントリー数が増えている。また，参加者のアンケート結果によると，2019年大会では，総回答数443件中，参加理由が「過去に参加したため」が180件（40.6%）で最も多い回答となっている。さらに図表2－17に示したように，「海外」をも含めた県外からの参加が一定程度確認できる。「リピーター及び海外を含めた県外からの参加者が一定の割合を占めている」ことが本大会の特徴である。ちなみに，図表2－16で2018年と2019年のエントリーが同数なのは，大会運営の安全面を考慮して上限6,800人と設定したためである。

また，2016年大会から外国人観光客（インバウンド）の集客にも積極的に取り組み，2019年大会実績（図表2－18）においては，159人中59人と約37%が台湾からの参加者となっている。続いて香港が約28%，中国が約13%とアジア圏が続く。他，アメリカやオーストラリアからの参加者もおり，フランスメドックマラソンでの本大会の告知を受けて参加したランナーもいる。

また，このような大会で一番苦労すると言われているボランティア集めについては，地元自治体や企業・団体および協賛企業の社員参加等による支えが大

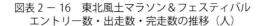

図表2－16 東北風土マラソン＆フェスティバル
エントリー数・出走数・完走数の推移（人）

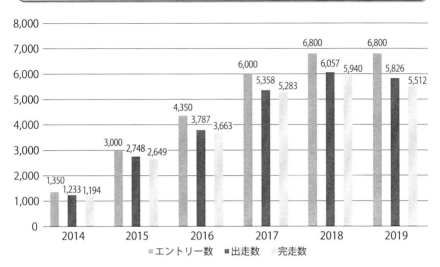

出所：筆者作成。

図表2－17 東北風土マラソン＆フェスティバル　居住地別エントリー実績（人）

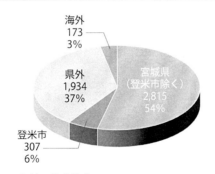

出所：筆者作成。

きい。さらに，ボランティア参加者への満足度を高めるために，「ボランティ
ア専用Tシャツ」の無償配布や，「登米産牛の牛めし」の提供などボランティ
ア参加者の満足度向上の工夫を常に行っている。

図表 2 - 18　外国人ランナー国別参加者数（2019 年大会実績）

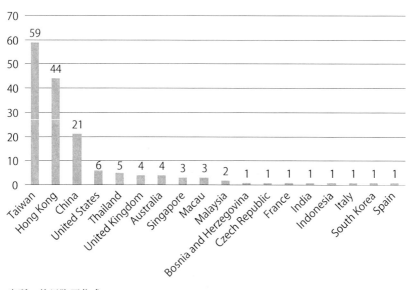

出所：竹川隆司作成。

図表 2 - 19　東北風土マラソン＆フェスティバル　インバウンドの推移（人）

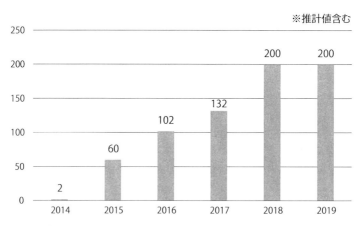

出所：筆者作成。

図表 2 - 20　東北風土マラソン＆フェスティバル　ボランティアの推移（人）

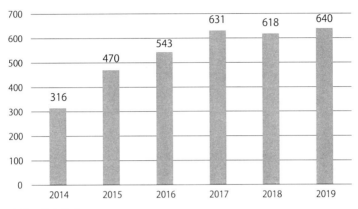

出所：筆者作成。

　また，第 1 回大会から，ランナー・ボランティア参加者向けに，大会終了後インターネットによるアンケート満足度調査を行っている。「満足」「やや満足」という回答の合算の過去全大会の平均が，ランナーは 92.7％，ボランティアは 87.4％と非常に高い水準を示している通り，本大会の参加者のリピート率が高く，ファン層が形成されているのが大きな特徴となっている。

　さらに，経済効果については，参加者アンケートをもとに一般社団法人東北風土マラソン＆フェスティバルで独自に試算し，2019 年大会は経済効果 3 億円と推定している。算出方法としては，アンケート結果（「移動・宿泊」「会場内」「食事やお土産」に分け支出額を回答してもらい，集計した）をベースに，実際の集客人数を考慮して事務局で試算した。国内ランナーの平均支出は約 21,280 円である。外国人ランナーの平均支出は約 150,000 円で算出している。

　本大会の予算は，すべて企業協賛とランナーの参加費で運営しており，補助金等は単年度で受けた実績はあるものの，基本的には自主財源で運営している。今後の課題として，当初大会を支えた「よそ者」中心の大会運営から地元主体の運営体制への移行と，自主財源で継続的に収支が見合う大会運営に整えていくことが挙げられる。また，年月の経過に伴い，東日本大震災への風化が

図表 2 - 21　ランナー満足度アンケート

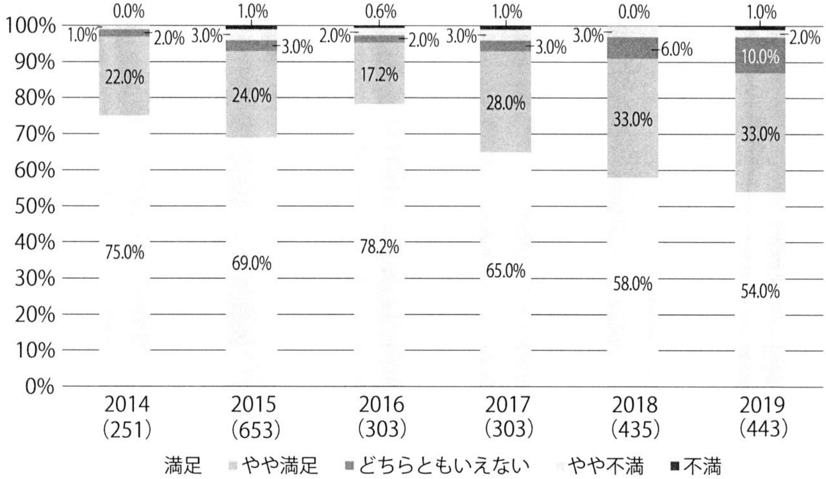

（注）括弧内はアンケート回収数。
出所：筆者作成。

図表 2 - 22　ボランティア満足度アンケート

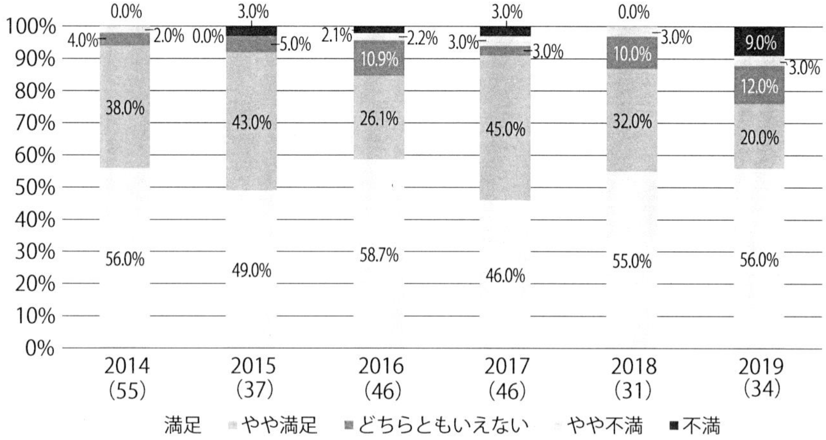

（注）括弧内はアンケート回収数。
出所：筆者作成。

図表 2 - 23　経済効果試算（単位：千円）

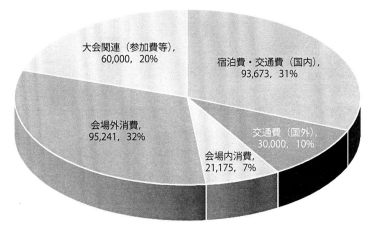

大会関連（参加費等），
60,000，20%

宿泊費・交通費（国内），
93,673，31%

会場外消費，
95,241，32%

交通費（国外），
30,000，10%

会場内消費，
21,175，7%

出所：竹川隆司作成。

進むことは避けられない中，本大会の意義の再周知と継続性を高め続けていくための試みも必要であろう。ちなみに，2019 年大会からは，実行委員会メンバーの地元比率が 7 割と過去最大の割合になっており，今後も同様の比率を維持しながら大会の質を高め続けていくことを目指している。

（2）今後の展望

　2020 年（令和 2 年）に開催される東京オリンピックや，2021 年（令和 3 年）に震災から 10 年の節目を迎えるにあたり，東北は「復興の新たなステージ」に移行していく。先述の通り，東日本大震災の被災地においては，人口減少，高齢化，産業の空洞化など，我が国が現在抱える諸課題が顕著に表出しており，東日本大震災からの復興は，単なる原状回復にとどめるのではなく，これを契機に，日本全国の地域社会が抱える課題を先行的に解決し，我が国や世界のモデルとしての「新しい東北」を創造することが期待されている。震災から 10 年の節目に，目標に対しての達成度の検証が求められるフェーズに入るであろう。

　一方，マラソンマーケットにおいては，日本では 2007 年（平成 19 年）の「東

京マラソン」の初開催を機に市民マラソンブームが起こり，ランナー人口が2012年（平成24年）の推計で約1,000万人までに急増したが，2016年（平成28年）には800万人台にまで減少した。その原因として，加熱するマラソン大会の開催数の増加，人口減少の流れによるランナーの数の頭打ち，さらには大会運営に必要な財政面の問題など，さまざまな要因があるとされている（笹川スポーツ財団，公開年不明）。

　このように，「震災復興」と「マラソン」という，一見接点が見出しづらいものでありながら，「新しい東北」の創出に資するシナジー効果を生み出し，今後本大会がどのような役割を果たし地域貢献や世界のモデルへと発展し続けていけるのか，ここから2〜3年が大きな分岐点になると思われる。そのために筆者は，震災という，取組の原点を常に見つめ大会の意義を問い直し続けることが大切であると考える。例えば，30年以内の発災確率が90％と予測されている，南海トラフ地震の被害想定エリアにある，行政・住民・企業を対象に，防災・減災教育を目的にした「教育復興ツーリズム」等の実施を行うのはどうだろうか。また，海外からの防災・減災教育を目的にしたツーリズム企画も，インバウンド効果の観点からも，大変意義があるといえるだろう。

　最後に，東北風土マラソン＆フェスティバルは，「風土」と「food（食）」を掛け合わせた意味であるが，「風＝よそもの」「土＝地元」という意味もあるのではないか。まさに，「風と土」の名前のごとく，「被災者とボランティア」，「被災地と被災地外」，「日本と海外」，「震災復興とマラソン」という互いの立場や領域を超えたもの同士が，結合・融合することによって，未来の社会に対して大いなる意義を発信し，独自の進化を続けながら，復興過程で誕生したソーシャルイノベーションモデルの1つとして構築されてきたといえるだろう。

【注】
1）　2019年10月末日時点，住民基本台帳登録数。
2）　2019年10月末日時点，住民基本台帳登録数。
3）　登米市（更新年不明）による。
4）　農林水産省（2019）による。

5) 南三陸町 (2018)。
6) 登米市 (2015)。

参考文献

五十嵐悠貴・川﨑興太 (2017)「東日本大震災による津波被災市町村における観光復興の実態と課題」『日本都市計画学会都市計画報告集』No.15, 日本都市計画学会, pp.359-366.

一瀬裕一郎 (2011)「東日本大震災による農業被害と復興の課題」『農林金融』No.64, Vol.8, 農林中央金庫, pp.42-54.

笹川スポーツ財団 (公開年不明),『ジョギング・ランニング実施率の推移』, https://www.ssf.or.jp/research/sldata/tabid/381/Default.aspx, (2019 年 11 月 2 日最終アクセス).

登米市 (2015)『東日本大震災の記録―震災対応と復興に向けて』, https://www.city.tome.miyagi.jp/somu-bousai/kurashi/anzen/daishinsai/documents/sinsaikiroku-1.pdf (2019 年 10 月 4 日最終アクセス).

登米市 (2019)『住民基本台帳人口および世帯数』, https://www.city.tome.miyagi.jp/simin/shisejoho/shinogaiyo/tokejoho/zyuki/zyukizinkousetai.html, (2019 年 11 月 2 日最終アクセス).

登米市 (更新年不明)『笑顔きらきら登米の食』, https://www.city.tome.miyagi.jp/kirakira/shoku/ushi.html, (2019 年 11 月 2 日最終アクセス).

農林水産省 (2012)「農林水産業への被害と食品産業等への影響」,『平成 23 年度 食料・農業・農村白書』, http://www.maff.go.jp/j/wpaper/w_maff/h23_h/trend/part1/sp/sp_c1_01.html, (2019 年 11 月 2 日最終アクセス).

農林水産省 (2019)『平成 29 年 市町村別農業産出額 (推計)』, http://www.maff.go.jp/j/tokei/kouhyou/sityoson_sansyutu/attach/pdf/index-3.pdf, (2019 年 11 月 2 日最終アクセス).

南三陸町 (2018)『東日本大震災からの復興―南三陸町の進捗状況』, https://www.town.minamisanriku.miyagi.jp/index.cfm/10,20733,56,239,html, (2019 年 11 月 2 日最終アクセス).

南三陸町 (2019)『南三陸町の人口・世帯数 (町全体)』, http://www.town.minamisanriku.miyagi.jp/index.cfm/6,7752,c,html/7752/20180824-150959.pdf (2019 年 10 月 4 日最終アクセス).

宮城県 (2015)『宮城県地方創生総合戦略』, p.3, https://www.pref.miyagi.jp/uploaded/attachment/328302.pdf, (2019 年 11 月 2 日最終アクセス).

宮城県震災復興・企画部統計課 (2018)『宮城県推計人口 (年報)』, https://www.pref.miyagi.jp/uploaded/attachment/714336.pdf (2019 年 10 月 4 日最終アクセス).

第3章

東北の食を世界へ
―東北・食文化輸出推進事業協同組合の挑戦―

1．はじめに

　震災を契機に，東北地方においては農水産・食品産業を取り巻く環境と課題が浮き彫りになった。そんな中，復興へのアクションとして動き出した食の輸出組合構想が，事業者によるコミュニティを醸成しながら取組を拡大している。本章では，今後，他地域への展開可能性を有した，被災地発のモデルとして，その活動の経緯および成果を紹介する。

2．東北地方の農水産・食品産業と海外展開

（1）東北地方の農水産・食品産業の現状

　東北地方は，国土の17.7％と広大な面積を持ち，冷涼な気候と山脈が降雪と春の雪解け水をもたらし，河川や地下を伝って海へと豊かな植物性プランクトンを運ぶ。沿岸部では牡蠣や帆立，わかめや海苔等の海面養殖が盛んである。さらには，太平洋の沖合は寒流「親潮」と暖流「黒潮」がぶつかる世界有数の漁場として知られ，サケやサバ，サンマ，イワシ，カレイ，ヒラメ等，ユネスコ無形文化遺産にもなった「和食」を支える大衆魚が豊富に水揚げされる。また，平地では広く稲作が営まれることから，一大米産地として国内でも知られ，稲わらを肥料や飼料とした畑作・畜産へとつながる。

　これらの豊富な一次産品の産出によって，東北地方では全国における一次産業就業者の14.9%，一次産業総生産の15.2%を担っている（東北経済産業局，2018a）。加えて，関連産業である，一次産品を原料とした食品製造業も集積・発展してきた。東北地方は幹線道路である東北道や東北新幹線も整備され，その主要都市は日本国内最大の消費地である関東圏からも比較的アクセスが容易であることからも，日本の食料供給において一定の役割を果たしてきたのである。

　しかし，東北地方の農水産・食品産業の主戦場たる国内市場は，人口減少・高齢化の一途をたどっており，縮小が進んでいる。海外からの食品輸入規制緩和も進む状況下で国内市場に留まる限りは，減りゆくパイを奪い合う状況に陥っている。そのような状況において，東日本大震災が東北地方を襲ったのである。

（2）震災による農水産・食品産業の被害

　震災によって東北の多くの農水産・食品事業者が甚大な被害を受けた。とりわけ沿岸部の漁業設備，魚市場をはじめとした市場施設，水産加工施設，そして何よりそれらの従事者の被害は，筆舌に尽くしがたいものであった。さらには，震災直後の過酷な時期を乗り越えて生産体制・設備を復旧したとしても，生産を停止した空白の期間に他の仕入先を確保せざるを得なかった既存顧客との取引を取り戻すことは容易ではなく，さらには原発事故による風評被害がその後も長らく影を落としたことも影響して，2017年時点でも，「水産・食品加工業」分野において，「売上が震災前の水準まで回復してきている」と回答した企業は3割のみとなっている（東北経済産業局，2018b）。この点について象徴的な事例は宮城県産のホヤである。震災前には宮城県産ホヤの大部分の販売先（輸出先）であった韓国が，震災後，安全性の懸念から禁輸措置を実施しており，2019年10月現在，未だに解除の目処は立っていない。

（3）海外市場と訪日外国人が有する可能性

　一方で，縮小する国内市場に反して世界に目を転じれば，人口は2015年時点で73億人，2050年には97億人（2015年比で32%増加）に達すると推定されている（United Nations, 2019）。日本政府は，農水産物・食品産業の政策として海外販路開拓を掲げ，2019年における農林水産物・食品の輸出額について1兆円を目標に定めた。政策等の後押しも奏功し，同輸出額は2012年以降，6年連続で増大し，2018年には9,068億円に達している（図表3－1）。重ねて政府は，民間事業者支援策の整備や，主な輸出先国・地域における条件緩和の働きかけに継続的に取り組んでおり，また2020年に開催が見込まれる東京オリンピックも追い風に，日本からの食品輸出は今後もさらに拡大すると考えられる。

　さらに，訪日外国人旅行者数は，2013年に1,000万人を突破し（1,036万人），その後，2016年には2,403万人，2018年には3,119万人と，年々増え続けてい

図表3－1　農林水産物・食品 輸出額の推移

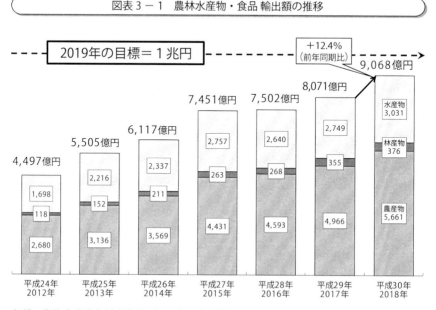

出所：農林水産省食料産業局（2019）より引用。

る（日本政府観光局, 2019）。政府は，訪日外国人数の目標を2020年に4,000万人，2030年に6,000万人と定めてさまざまなプロモーション施策を行っており，これらの政策が功を奏せば今後も増加が見込まれる。訪日外国人が旅行を通して高品質・高鮮度の日本食や日本の食材に触れることで，海外における日本食への関心と需要は今後もさらに高まってゆくと考えられる。

（4）海外展開に係る課題

　震災で失った国内販路に代わる活路を求めて，東北地方においても農水産・食品の海外輸出を模索する取組みは数多く立ち上がった。各自治体はこぞって勉強会や協議会を立ち上げ，地域の事業者へ海外物産展や商談会への参加を促すことで，海外市場へと意識を向ける機会が多く設定された。しかしながら，生産力や販売力等の面で相応の実力を有する地域の有力企業であっても，言語や文化の壁を乗り越え，貿易実務等に対応できる人的リソースは不足しており，実際の取引に至るケースは限定的であった。経営リソースが限られる地方の中小企業において，海外市場でも通用する人材を個社で抱えることは容易ではない。地域におけるノウハウやリソースの蓄積・共有化が課題となっていた。

　また，東北地方は，海外向けの食品輸出やインバウンド対策および誘致，そしてそれらのブランディングにおいて，確かなブランドイメージを築きつつある北海道や九州[1]と比較して，未だ発展途上な段階にある。かねてから着実にマーケティングを重ねてきた先行事例に倣い，戦略的かつ長期的視点での取組みが必要不可欠であった。

3．「東北・食文化輸出推進事業協同組合」の挑戦

（1）仙台国際空港民営化に伴う輸出拡大の構想

　2012年頃から仙台国際空港では，日本の国管理空港として初めてとなる，民営化への準備を進めていた。日本政府ならびに宮城県は，空港施設の魅力お

および利便性の向上による旅客の増加目標に加えて，貨物量の増加を目指すこと
を民間事業者に課し，2015年には東北農政局等が中心となり，東北地域の農
林水産物・食品の輸出拡大を図る「東北農林水産物・食品輸出モデル検討協議
会」を設立。2016年には，同検討協議会の支援認定モデル第一号として，「東
北・食のソラみち協議会」（以降，「協議会」とする）が，仙台国際空港株式会社，
株式会社七十七銀行，日本通運株式会社，三井住友海上火災保険株式会社，凸
版印刷株式会社により設立された。

　これまで，海外販路開拓支援として，セミナー等の知識の提供や商談機会の
提供等の行政支援は数多く実施され，地方の中小企業においても海外販路開拓
の機運が醸成されてきた。その後，企業の要望は，知識や機会の提供のみなら
ず，商談後のフォローアップや貿易事務，物流手配や決済等，取引成立までの
事業段階に応じた総合的な支援へと移行しており，「輸出組合構想」はこれに
応える一手として推進された。

図表3－2　輸出組合構想について

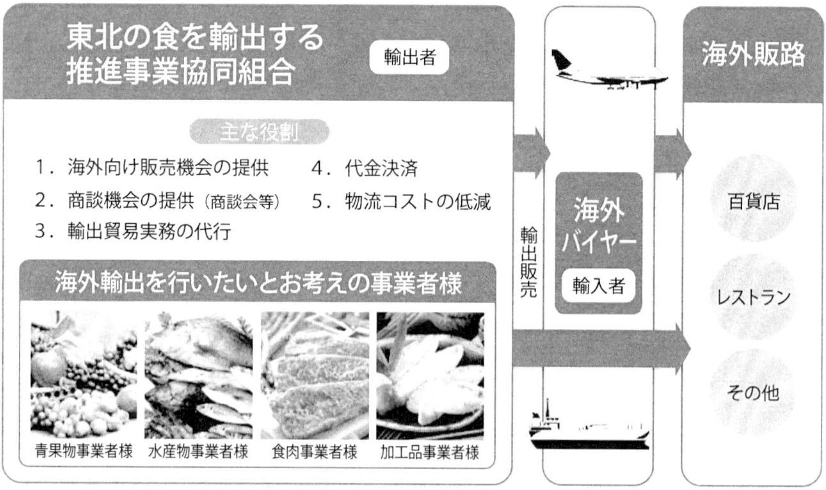

出所：「東北・食文化輸出推進事業協同組合　入会のご案内」から引用。

（2）東北・食文化輸出推進事業協同組合への発展

　2017 年 4 月，協議会の呼びかけに応じて，宮城，山形，岩手の農水産・食品事業者 15 社からなる東北・食文化輸出推進事業協同組合（以降，「組合」とする）が設立された。海外商談会や展示会の企画，出展支援，輸出実務の代行，物流手配，代金決済等を開始した。東北では，こうした海外販路開拓のための実務面を含めた総合的な支援機関はこれまで存在しなかった。煩雑なこれらの実務を，窓口を一本化して対応することで，地域の中小企業が気軽かつ積極的に海外事業に挑戦でき，具体的なアクションに至るプラットフォームとなることを目指し，活動している。

　なお，設立にあたっては，同組合構想のモデルとなる「関西・食・輸出推進事業協同組合」（2012 年設立）を協議会が視察し，法人格の選択の際の参考とした。役員構成については立候補形式であったため，株式会社ヤマナカ（宮城県石巻市）が代表理事に，専務理事に株式会社 GRA（宮城県山元町）と，株式会社フィッシャーマン・ジャパン・マーケティング（宮城県石巻市）が立候補し，就任した。その後，株式会社フィッシャーマン・ジャパン・マーケティングは組合の実質的運営を担う事務局となるにあたり，専務理事を外れ，代わって株式会社阿部長商店（宮城県気仙沼市）が就任し，図表 3 − 4 に示す体制に至る。

図表 3 − 3　食品輸出実現までのステップと組合の伴走支援領域

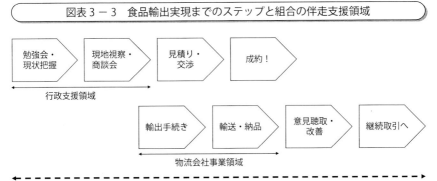

これまで，学びから，取引，実務までの，事業段階に応じた伴走支援は存在しなかった

出所：筆者作成。

図表 3 － 4　輸出組合の関係者図（2019 年 9 月時点）

➢組合は法人格を有することから，東北の地域商社として物流，決済，貿易実務が可能。
➢(株)フィッシャーマン・ジャパン・マーケティングを事務局に置き，営業機能の拡充及び企業間連携を促進。海外輸出の具体化を加速。

支援

支援機関
・東北経済産業局，東北農政局，他地方行政各所
・東北・食のソラみち協議会［仙台国際空港，七十七銀行，日本通運，三井住友海上火災保険，凸版印刷］
・日本貿易振興機構　仙台貿易情報センター，東北大学地域イノベーション研究センター，宮城大学食産業学部

出所：筆者作成。

図表 3 － 5　年　表

年	月	出来事
2011	12	宮城県が，東日本大震災からの完全復旧と空港の収益向上への打開策として，空港を民営化する方針を打ち出す
2015		東北農政局等が中心となり，東北地域の農林水産物・食品の輸出拡大を図るため，「東北農林水産物・食品輸出モデル検討協議会」が設立
2016	6	東北・食のソラみち協議会が設立
	7	仙台国際空港が民営化
2017	4	東北・食文化輸出推進事業協同組合が，宮城・山形・岩手から 15 社で設立。香港，東南アジア向けに，冷凍海産物を中心とした販路開拓を開始
2018	4	所属組合員が，福島を加え 4 県 18 社へ
	6	東北経済産業局「地域中核企業創出支援事業」ならびに「JAPAN ブランド育成支援事業」に採択され，新体制へ
	12	タイ向けに果物の輸出がスタート
2019	2	タイ向けに酒類の輸出がスタート
	3	ドバイ向けに果汁飲料の輸出がスタート
		沖縄国際物流ハブを活用し，シンガポール向けに，鮮魚，果物，冷凍海産物の輸出がスタート
	4	所属組合員が，青森を加えた 5 県 27 社となる
	6	東北経済産業局「地域中核企業ローカルイノベーション支援事業」ならびに「JAPAN ブランド育成支援事業」に採択される

出所：筆者作成。

（3）組合が構築しているモデル

図表3−6　組合のビジネスモデル

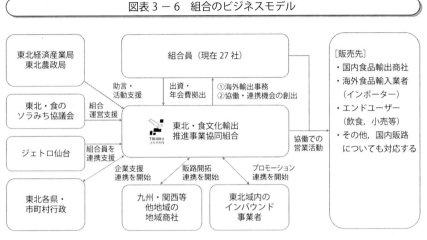

出所：筆者作成。

　組合の最も重要なステークホルダーは組合員である。組合は，組合員からの出資を受けて設立され，運営費として年会費（半期で5万円）を受け取る対価として，海外商談機会の設定や，貿易実務，代金決済等の事務を担っている。海外向けの営業活動は共同で行い，それまでの準備・手続き，その後の窓口・事務機能を組合が担うことで，大企業に比べると経営リソースに限りのある中小企業が海外販路へ挑戦する敷居を下げるモデルとなっている。また，海外販路の開拓・拡大のためには，継続的な海外出張や見本市への出展等に大きな経費を要するが，これらの費用についてはこれまでに東北農政局や東北経済産業局からの一部補助を受けて活動している。なお，これらの補助申請・精算に係る窓口は組合事務局が担っている。

　主な販売先は，国内の食品輸出商社，海外の食品輸入卸事業者（インポーター・ディストリビューター），海外の飲食店や小売店等のエンドユーザーである。また，東北の良質な農水産物・食品をまとめる地域商社として国内飲食店や小売店から引合いが来ることもあり，これにも積極的に応じている。加えて，九州や関西等，他地域の地域商社とは，互いに持つ商品群や販路が異なること

から，お互いの商品の融通や，販売先の共有などの連携に向けた関係構築に取り組んでいる。

　支援機関である，協議会およびジェトロ（日本貿易振興機構）仙台からは，各社が持つ知見や人脈の提供，海外駐在員等を通じた情報提供，事務局業務の一部負担，会議室の提供など，各種経営リソースの提供支援を受けている。

　加えて，東北域内の各県，市町村などの行政は，域内の農水産・食品事業者の海外販路開拓・拡大を目標として掲げるところが多く，情報の共有や活動の連携を順次開始している。

４．活動の成果と課題，展望について

（１）活動の成果と課題

　2017 年 4 月の設立から 2 年半が経ち，15 社でスタートした組合は 2019 年 10 月時点で 29 社まで拡大した。直近の 2018 年度は，東北経済産業局から「JAPAN ブランド育成支援事業」に認定を得て，「TOHOKU」ブランドの確立・普及に向けた，ブランドロゴやイメージ映像，商談ツール等の整備と，積

図表 3 － 7 「TOHOKU」ブランドロゴ・ポスター

「まるごと美味しく食べられる東北」をコンセプトに，ブランドロゴを制作。東北の食に係る企業が広く使用できるものとして公開している。

出所：東北・食文化輸出推進事業協同組合 Web サイトより引用。

極的な販路開拓に取り組んだ。販路としては，タイを重点国に，香港，シンガポール，アラブ首長国連邦等へと着実に広がっており，東北からの食輸出を促進するプラットフォームを目指して活動を続けている。少しずつではあるが，

図表 3 − 8　タイでの試食商談会の様子

タイでは，組合初となる独自での試食商談会を企画，開催。約40社，100名の来場があり，映像，試食，商談を通じて，目的に掲げた「東北の食文化の発信と食材の輸出拡大，併せて東北の自然と観光 PR」に取り組んだ。

出所：筆者撮影。

図表 3 − 9　モダンな東北をテーマとした「TOHOKU TERROIR」プロジェクトを立ち上げ

「世界中に東北のファンを増やす」「東北の気質や風土をスマートに提案」をコンセプトに，東北を代表するシェフとソムリエの協力を得て，組合員が取り扱う東北のこだわり飲料をハンドメイドグラスや食材とマッチングさせる試み，「東北テロワール」プロジェクトを立ち上げた。

左写真：ブランド豚肉「JAPAN X」のしゃぶしゃぶと 10 年古酒仕込みの貴醸酒「Kuro-
　　　　Kohaku Vintage」
右写真：気仙沼産メカジキのソテーと至高のトマトジュース「ゴールデン・ティアーズ」。

図表 3 － 10　アラブ首長国連邦での展示商談会の様子

宮城県の組合員によるプレミアム山ぶどうジュースは，厳格なイスラム教徒が
多いアラブ首長国連邦で展示商談し，高い評価を得て流通を開始した。

出所：筆者撮影。

海外活動地域においても，東北の食資源の豊かさや商品群の認知が得られてき
ていると実感している。

　また，組合内では，事業者間での「TOHOKU」ブランドを共通認識とした
一体感が醸成されつつあり，各社が得た知見や販路の共有が始まっている。こ
れまでであれば情報共有さえ行われる機会の少なかった地域の中小企業同士
が，海外展開という軸で目的を同じくしたことから新たな化学反応が起き始め
ている。月次での定例会で顔を合わせ，共有のブランドを立ち上げ，共同で催
しを推進する中で，経験のある企業が新規事業者を励まし，新規事業者がチー
ムに新しい風を吹き込み，共に刺激を与え合いながら協働する事例が生まれて
きている。東北は，パスポート保持率が国内他地域に比べて低い（航空新聞社，
2019）など，海外への心理的距離が大きい地方ではあるが，組合活動を通じて，
誰もが気軽に海外輸出にチャレンジできるプラットフォームを構築し，さらに
は一歩踏み出した事業者が刺激し合えるコミュニティとして機能することで，
海外市場の成長を取り込み共に発展する東北地方を実現していきたい。

　今後の課題は，東北という広域な地域において，1つのプラットフォームと

して機能していくために，各地域行政や地域の核となる民間事業者との連携を行っていくこと，今後継続的かつ発展的に事業運営を行っていくための安定的な活動予算を確保していくことの2点があげられ，目下取り組んでいる。

（2）今後の展望

　東北地方の農水産物・食品の輸出に係る活動は，まだ緒に就いたばかりであり，東北地方をブランドとして確立し，海外から認知されるには，長期視点での相応の投資が必要不可欠である。私たちは今後も海外での販路開拓への挑戦を続け，東北が持つ自然資源と食材，食文化を，海外に発信し続けてゆく。また，地域の企業が一連の活動を継続できるよう，事業の段階に応じた伴走を行い，「東北の誰もが気軽に海外にチャレンジできるプラットフォームとなっていくこと」，「東北から世界を目指す仲間が集い，学び，刺激を与え合うチームとなっていくこと」，そして，「東北が世界のシェフや食通の憧れの地となる」未来を目指して，活動してゆく。同じ志を持つ方々とは積極的に連携し，活動を加速，拡大してゆきたい。

【注】
1）　筆者自身が海外市場（香港や台湾，タイやシンガポールなど主にアジア圏）を訪問した際に，市場関係者や消費者から見聞きしてきた実感値である。例えばタイでは「北海道」という言葉を聞けば「美味しい乳製品や海産物」をイメージするように思えるし，タイ資本の会社が「北海道」と冠したブランドを立ち上げることもある。九州については，九州産の和牛が海外市場においても多数出回っていること，東アジア・東南アジア圏において物理的な距離が近く，特に香港や台湾からの訪問者数が多いこともあり，ここで示したような認識を持っている。

参考文献

航空新聞社（2019）『日本人のパスポート保有率23.4%，4年ぶり上昇』，http://www.jwing.net/news/9976，（2019年11月10日最終アクセス）.

東北経済産業局（2018a）『東北経済のポイント平成30年版』，https://www.tohoku.meti.go.jp/cyosa/tokei/point/18point/all.pdf，（2019年10月8日最終アクセス）.

東北経済産業局（2018b）『グループ補助金交付先アンケート調査』，https://www.

tohoku.meti.go.jp/s_cyusyo/topics/pdf/181010group_1.pdf（2019 年 10 月 8 日最終アクセス）.

日本政府観光局（2019）『国籍／月別 訪日外客数（2003 年〜 2019 年）』, https://www.jnto.go.jp/jpn/statistics/since2003_visitor_arrivals.pdf（2019 年 11 月 10 日最終アクセス）.

農林水産省食料産業局（2019）『農林水産物・食品の輸出額の推移』, http://www.maff.go.jp/j/shokusan/export/e_info/attach/pdf/zisseki-166.pdf（2019 年 10 月 8 日最終アクセス）.

United Nations（2019）「Total Population - Both Sexes」『World Population Prospects 2019』, https://population.un.org/wpp/Download/Files/1_Indicators%20(Standard)/EXCEL_FILES/1_Population/WPP2019_POP_F01_1_TOTAL_POPULATION_BOTH_SEXES.xlsx,（2019 年 11 月 10 日最終アクセス）.

［参考 URL］
東北・食文化輸出推進事業協同組合
http://www.tohoku-focus.jp/

第4章

ボーダレス農林漁猟ライフの
実現に向けた取り組み
―石巻における「牡蠣殻リサイクル」を軸にした
農林漁業活性化へのアプローチ―

1．はじめに

　筆者は現在，石巻産業創造株式会社に所属する傍ら，石巻市桃浦地区におい
て，個人として「もものわ」の活動に取り組んでいる。「もものわ」とは活動
の総称であり，具体的には海と里と山の資源が循環する事業モデルの構築を目
指している。また，事業名にある「わ」は，人の循環により形成される「輪」
をイメージしており，この活動に関わる人びととのネットワークの構築をも目指
している。現在，首都圏と石巻を結ぶ交流事業や，農産物や海産物などの地域
資源を介した地域内ネットワークづくりに取り組んでいる。

　筆者がこうした取り組みに着手することになった背景には，東日本大震災が
大きく影響している。東日本大震災以前から，社会的事業に関心を抱いていた
中，震災を契機に，被災地である石巻市に移住し，2014年より産業復興支援
員として，石巻市6次産業化・地産地消推進センターでの勤務を開始した。そ
の後も所属先の変更や個人事業の開業を経験しながらも継続的・多角的に一次
産業の経営支援を続け，その過程で後述する「牡蠣殻リサイクル構想」や「も
ものわ」プロジェクトの着想を得たのである。「もものわ」プロジェクトで掲

げる「ボーダレス農林漁猟ライフ」とは，海・里・山に対して人間が補助的に
介入することにより，有機的な好循環を生み出していこうとするものである。

2．自身の関心事と震災復興

（1）離島の漁師との出会い

　まず，被災地での活動を始めるきっかけを振り返っておきたい。今から10
年以上前にその原体験がある。それは，1）スキューバダイビングへの興味と，
2）環境問題への関心である。筆者は26歳でスキューバダイビングのライセン
スを取得し，国内および海外において，精力的にダイビングに励んでいた。そ
して2007年に，後々まで影響を受ける印象深い出来事があった。それは，と
ある日本の離島の漁師と話したことであった。老齢の漁師から，漁業の衰退と
後継者不足，そこから派生した島の産業衰退に関する生々しい言葉を直接聞
き，これまでメディアで盛んに騒がれていた「一次産業の衰退」ということが
突如自分事となり，その後，長らくこの課題を意識し続けることになった。横
須賀出身の筆者にとって，メディア以外で当事者の生の声を聴くのは初めてで
あり，大きな衝撃を受けたのである。

　上記の出来事を契機に海洋環境の保護の必要性に気づき，環境問題への関心
が高まっていった。そして，漁師との出会いのその年のうちに，東京都新宿区
に本拠地を構える環境教育エコツアー団体であり，伊豆諸島の御蔵島で活動を
展開している「NPO法人みらいじま」にボランティアスタッフとして参画し
た。また，2011年には，てんぷら油のリサイクル事業（トラックの軽油代替燃
料等として用いる）を行う，株式会社ユーズに転職した。離島で漁師と出会い，
そこでの会話から，筆者のライフスタイルは，公私ともに「環境保全」という
キーワードを軸にしたものに変化していた。

（2）震災直後のボランティア活動と被災地への移住

　2011年3月11日，東日本大震災が発生した。石巻圏の漁業者より漁具を修

理するためにダイビング機材が必要になっているとの情報を聞き，2011 年 5 月にダイビング仲間から機材をかき集めて現地へ届ける支援を行った。それ以降，定期的に石巻でのボランティア活動に従事することになった。そういった活動をしばらく続けているうちに，ダイビング機材を届けた石巻市牡鹿半島にある桃浦地区が 2013 年 4 月に復興庁によって日本初の水産業復興特区に認定されたことや，2014 年にフィッシャーマンジャパンが「新 3K」（カッコいい，稼げる，革新的）を掲げた新たな水産業のスタイルを打ち出すなど，石巻圏で漁業振興に対する具体策が次々と打ち出されていた。

　これらの動きを東京にいながら興味深く観察しているうちに，新たな機運が熱し始めた石巻なら，漁業振興に向けた課題へ具体的に取り組むことができるのではないかとの想いが芽生え，石巻への移住を決意した。東京で開催された，支援団体や官公庁による被災地関連のイベントに積極的に参加し情報収集をしながら現地の事業者等と関係構築を進めた。そして，2013 年 11 月，復興庁と日本財団の協働事業である，被災地への人材マッチングサービス「Work for 東北」に参加した際，石巻市 6 次産業化地産地消推進センターの新規スタッフの募集を紹介され，それが石巻で本格的に活動するための足掛かりとなった。

　そして，2014 年 11 月，石巻市 6 次産業化地産地消推進センターへの入職に伴い，石巻市に移住し，センターの業務に着手した。6 次産業化というと，農産物をイメージしがちであるが，被災沿岸部を抱える石巻市の取り組みでは，漁業者や海産物の加工会社が主な支援対象者であり，この業務を通じて多くの漁師と出会うことになる。

　その後，2018 年 4 月に，現在所属する石巻産業創造株式会社に移籍し，牡蠣殻リサイクル事業をスタートさせたのであるが，その前に，石巻市 6 次産業化地産地消推進センターでの活動について説明する。

（3）石巻市 6 次産業化地産地消推進センターでの取り組み

　2014 年 8 月，石巻市は，東日本大震災で被害を受けた農業，漁業の再興・振興を目的に，「石巻市 6 次産業化地産地消推進センター」（以下，石巻市 6 次化

センターとする）を設置した。これは，国が東日本大震災直前の2011年3月1日に「地域資源を活用した農林漁業者等による新事業の創出等及び地域の農林水産物の利用促進に関する法律」（通称：六次産業化・地産地消法）を施行し，積極的に6次産業化振興策を進めようとしていたこともあり，全国的な6次産業化振興への流れに呼応する側面も有していた。

　筆者は開設後3カ月のタイミングで，石巻市6次化センターに入職し，6次産業化の出口戦略を担当した。具体的には，インターネット販売サイトの制作と運用である。この事業は，石巻に拠点を構えていたヤフー株式会社との合同で進められ，Webサイトの制作と並行して，石巻市内の漁業者，水産加工会社を軒並み訪問した。短期間でのハードな作業であり，無我夢中で取り組んでいたところ，事業が終わって振り返ってみれば自然と石巻の漁業者や水産加工会社との信頼関係が構築されていた。そのネットワークを基盤に，自身の関東圏での人脈を活用し，石巻の一次産品を紹介するイベントを首都圏で行うなど多様な販路拡大支援を実施することができた。

　漁師や事業者とのネットワークも徐々に広がり，たびたび通う中で良好な関係もさらに深まり，事業運営に伴う多種多様な相談を受けるようになっていた。そんな折，牡鹿半島の牡蠣養殖漁師から「牡蠣殻の処理料金が高いのでどうにかならないか？」と相談された。この課題解決に向けた支援がきっかけと

図表4－1　ECサイト制作時の写真撮影　　　図表4－2　東京での石巻産品紹介イベント

出所：筆者撮影。　　　　　　　　　　　　出所：筆者撮影。

なり「牡蠣殻リサイクル構想」が立ち上がったのである。

3．牡蠣殻リサイクル事業について

（1）牡蠣殻リサイクル事業の構想と展開

　2017 年 1 月，筆者は「牡蠣殻リサイクル構想」の実現に向けて動き出した。その理由は，牡蠣殻の処理コストの削減は，牡蠣養殖業者の収益性向上に直接的につながると考えたからである。

　牡蠣の収穫シーズンである 9 月〜3 月の約 7 カ月間は，毎月一定の額の牡蠣殻の処理費用がかかる。この費用が削減できれば，7 カ月分の牡蠣殻処理費用に加えて，それにかかるコストが削減されることになり，利益に直接反映される。これは生産者自らが商品を製造・販売し利益を得る 6 次産業化手法よりも確実で効果的な利益確保の手法となりえる。これまでの 6 次産業化支援業務の中で，生産者が加工から販売まで手掛けることへのハードルの高さを痛感する機会が多く，コスト削減による利益確保のアプローチ策の必要性を感じていた時であった。もちろん，牡蠣殻のような未利用資源を用いた商品開発ができればなおよいと考えている。

　この構想を進めていった過程では，国が 2016 年 5 月に「SDGs 推進本部」を設置したことにより，各方面でさらに環境問題への関心が高まり，資源の循環利用や持続可能な水産業への注目度も高まりを見せていた。

（2）牡蠣殻リサイクル手法の検討

　具体的なリサイクル手法の検討を進めるにあたり考慮したことは，1）原料の確保量と販売量のバランスが的確にとれること，2）リサイクル工程が「シンプル」であることの 2 点であった。

　牡蠣殻は主成分が炭酸カルシウムであることから，すでに多くのリサイクル手法が確立されていた。肥料・飼料などをはじめ，道路の骨材・カルシウムサプリメント・石鹸・プラスチック原料・漆喰の材料など枚挙に暇がない。しか

しながら前述の2点の重要な条件を満たし，かつビジネスとして成立する手法は極めて少ないため，環境関連の専門家に相談をしながら検討を進めた。その中で，東北大学大学院農学研究科・教授の原素之氏より三重県鳥羽市で成功しているリサイクル手法を紹介され，このモデルを基に石巻での事業展開を構想することにした。

（3）ケアシェルを活用した牡蠣殻リサイクルモデル

　早速，筆者は三重県鳥羽市にあるケアシェル株式会社を訪問し，同社代表取締役社長の山口恵氏に石巻での牡蠣殻リサイクル構想の相談を行った。

　鳥羽市は，石巻沿岸部と同様のリアス式海岸が形成されている。この地域は，牡蠣や真珠養殖の適地とされ，真珠販売大手である株式会社ミキモトの生産の本拠地としても有名である。鳥羽市では1990年代に牡蠣殻の不法投棄の取り締まり強化をスタートしており，同時にリサイクル施設の新設計画が浮上した。1998年に一般財団法人鳥羽市開発公社（以下，鳥羽市開発公社）が事業主体となり，牡蠣殻を粉砕しリサイクルする工場の建設が開始され，2000年2月に完成した。

　当時，山口氏は，鳥羽市開発公社の社員として工場建設の陣頭指揮をとり，工場の完成後は数年間，工場の実質的な運用を担当した後に独立し，牡蠣殻肥料販売に特化した会社を設立した。その後，大学などと連携しながら粉砕した牡蠣殻粉末を粒状に固めた「ケアシェル」の開発に成功。会社名もケアシェル株式会社と改め，現在は全国的に販売を実施するに至っている。

　鳥羽市で実施されている牡蠣殻リサイクルの流れは大きく2段階となっている。1段階目は鳥羽市開発公社にて牡蠣殻を乾燥のうえ粉砕する。これがそのまま牡蠣殻肥料となり，農業関係者へ販売される。2段階目は粉砕された牡蠣殻の粉（牡蠣殻肥料）をケアシェル株式会社が仕入れ，独自の加工技術を用いて粒状にし「ケアシェル」として販売する。ケアシェルは昨今，収量が激減しているアサリの増養殖に使う資材として全国的に活用されている。

　このモデルは漁業と農業の双方に寄与することとなり，両産業が盛んな石巻

でもビジネスとして成立する可能性が高いと捉えた。このことから，鳥羽市でのリサイクルシステムを石巻に取り入れる形で構想を進めることにした。着手時点に描いた石巻での事業イメージを図表4-3に示す。

図表4-3　牡蠣殻リサイクル構想事業イメージ

一定のエリア内で有機物とお金を効率的に巡らせる

全体スキームをブランディング

視察研修など

山

健全な川の
流れ込み

間伐材

海

田畑

販売

プラントボイラー
燃料提供

一粒牡蠣
ブランディング

農作物の
ブランディング

販売

ケアシェル

アサリ養殖
ブランディング

販売

牡蠣殻肥料

リサイクル
プラント

販売

シジミ養殖
ブランディング

牡蠣殻

健全な川の
流れ込み

出所：筆者作成。

図表4-4　牡蠣殻肥料	図表4-5　ケアシェル

出所：筆者撮影。

出所：筆者撮影。

60

（4）これまでの成果

　図表 4 - 6 に，牡蠣殻リサイクル事業に着手した 2017 年〜 2019 年における活動内容をまとめた。2017 年 4 月より，鳥羽市で生産されている牡蠣殻リサ

図表 4 - 6　「牡蠣殻リサイクル構想」　活動年表

2017 年 4 月	牡蠣殻肥料を使用したひとめぼれ「牡蠣殻米」の生産開始
2017 年 5 月	牡蠣殻肥料を使用したトウモロコシの生産開始
	牡蠣殻肥料を使用したホウレンソウの生産開始
2017 年 7 月	牡蠣殻肥料を使用したトマトの生産開始
	東北大学と連携し，山元町牛橋河にてケアシェルを活用したアサリおよびシジミの採苗実験開始
2017 年 9 月	石巻市雄勝地区にてケアシェルを活用したカキの採苗実験開始
2017 年 10 月	牡蠣殻肥料を使用して育てた作物を宮城大学食産業学群・木村和彦氏へ分析依頼
2017 年 11 月	牡蠣殻米の食べ比べアンケートを計 82 名へ実施
2017 年 12 月	石巻地域産学官グループ交流会にて農作物の分析を依頼した宮城大学食産業学群・木村和彦氏を招聘し，牡蠣殻肥料使用による農作物への効果に関する勉強会を実施
2018 年 1 月	石巻ルネッサンス館ロビーにて「牡蠣殻米」の試食販売会の実施
2018 年 4 月	牡蠣殻肥料を使用したひとめぼれ「牡蠣殻米」の生産開始（2 期目）
2018 年 5 月	宮城県漁業協同組合鳴瀬支所にて水産研究教育機構・日向野純也所長を招聘し，ケアシェルを活用したアサリ増養殖に関する勉強会を開催
2018 年 6 月	石巻市雄勝地区にてケアシェルを活用したアサリ垂下畜養実験を開始
2018 年 9 月	2017 年にケアシェル使用により採苗した殻付き牡蠣を，国分町のオイスターバーにて限定販売
	池袋にて牡蠣殻リサイクル構想の紹介イベントを実施
	石巻市雄勝地区にてケアシェルを活用したカキの採苗実験を開始（2 期目）
2018 年 10 月	文化シャッター株式会社主催，第 4 回 BX マルシェ東北うまいものフェアにて，牡蠣殻米の試食販売を実施
	石巻市桃浦地区にてケアシェルを活用したアサリの採苗実験を開始
	牡蠣殻リサイクル構想見学ツアーを催行
2018 年 11 月	みやぎ生活協同組合にてケアシェルを活用して畜養したアサリを販売
2019 年 2 月	「第 21 回宮城のこせがれネットワーク仙台定例会」に筆者がゲスト登壇。牡蠣殻リサイクル構想について紹介。
2019 年 8 月	石巻市雄勝地区にてケアシェルを活用したアサリ垂下畜養実験を開始（2 期目）
	石巻市河北地区長面浦にてケアシェルを活用したアサリ採苗実験を開始
	水産研究教育機構が行うケアシェルを活用した牡蠣採苗実験に協力を開始
2019 年 9 月	石巻市万石浦にてケアシェルを活用したアサリの垂下畜養実験を開始
	石巻市蛤浜にてケアシェルを活用したアサリ垂下畜養実験を開始
	石巻市折浜にてケアシェルを活用したアサリ垂下畜養実験を開始

出所：筆者作成。

イクル商品を使用し，農作物および水産物の生産を開始した。農産物は，牡蠣殻肥料を活用して，米（ひとめぼれ），ホウレンソウ，トウモロコシ，トマトの４種の生産を行った。海産物は牡蠣とアサリの２種であり，ケアシェルを活用しての養殖に取り組んだ。生産した米に「牡蠣殻米」とネーミングして商品化するなどの取り組みを行い，各所での試食会も実施している。なお，牡蠣殻を肥料にして米の生産を行う事例としては，宮城県では，七ヶ宿町における「源

図表４－７　牡蠣殻米の生産

出所：筆者撮影。

図表４－８　ケアシェルを活用した牡蠣の採苗

出所：筆者撮影。

図表４－９　牡蠣殻リサイクル構想紹介イベント（池袋）

出所：筆者撮影。

図表４－１０　牡蠣殻米の販売文化シャッター株式会社東北うまいものフェア

出所：筆者撮影。

62

流米」の取り組みがある。

　取り組みにあたっては，大学との連携を行った。農産物は牡蠣殻肥料の使用・不使用で区画を分け，宮城大学食産業学群・教授の木村和彦氏に作物の成分分析を依頼した。海産物はケアシェルを活用した牡蠣の採苗およびアサリの採苗から畜養を進め，これについては前述の東北大学・原素之氏および同大学院農学研究科助教・伊藤絹子氏からサポートを受けている。販売ルートの確保については，東京に拠点を構える一般社団法人東北支援会と連携し，本構想を紹介するイベントの開催や生産品の直売会などを行った。さらに，構想全体をコンテンツとした視察研修や教育プログラムの受入れもテスト的に行っている。現在は，牡蠣殻肥料およびケアシェルを石巻で生産する準備を進めているところである。

4．「もものわ」について

（1）新たに認識した地域課題
　石巻市6次化センターでの活動や，牡蠣殻リサイクル事業を進めていく中で，大きく2つの課題解決の必要性を感じた。その内容は，1）適正な海・里・山の循環環境を整える必要があること，2）農業・林業・水産業に触れてみたい欲求を持っているが，その環境を持ち合わせていない人に対する機会創出の必要性である。この2つの課題に対するアプローチが，2017年から開始した「もものわ」プロジェクトである。
　1）の課題に対するアプローチの検討は，牡蠣殻リサイクル事業を展開する中で，海面養殖を今後も持続的に営む上では，海の背後地となる山林や，川から流れ込む水の影響を認識する必要を感じたことが発端である。例えば田畑で使用した肥料や農薬は川を通じて海へ流れ込み，程度の大小はあれ海の環境変化をもたらす。同じように山林の荒廃が進むと沢の消失や土砂崩れによる地形変化などから，やはり海に環境変化をもたらす。急峻なリアス式海岸を形成し，狭いエリアに海・里・山が近接する石巻沿岸部では，この地形が及ぼす影響を

しばしば感じることができる。筆者にとっては，大雨が降った際に川が氾濫し，流木や泥が牡蠣棚を覆ってしまったことから山の保水力機能の低下が想起されたことが印象的であった。このような自身の経験も踏まえて，改めて海・里・山の連環を認識し，その環境を活用する農林漁業従事者が，自らの分野以外への影響まで視野に入れて日々の生産活動をしなければ，結果的に損失を被ってしまうことになりかねないと考える。

　他方，2）の課題について考えることになったきっかけは，石巻市6次化センターでの業務や牡蠣殻リサイクル事業を進める中で，自然とともに仕事に従事する農林漁業に対して憧れを持ってはいるものの，その機会を持ち合わせていない人が一定層いることに気付いたことである。周知のとおり放置された田畑や山林は年々増えており，多くのメディアがその存在を報道してはいるものの，農林漁業に触れることができる緩やかな環境は案外少ない。このことから，農林漁業に触れる緩やかな環境づくり，ネットワークの形成が求められているのではないかと考えたのである。

　「もものわ」はこの課題に対する解決策として構想したプラットフォーム機能である。具体的な拠点として，海・里・山が近接しているリアス式地形の特徴を持った石巻牡鹿半島の桃浦地区において，地元住民の協力を得ながら活動フィールドとなる畑，山などを確保し，拠点の整備を行った。そして，そこで活動を展開する「もものわ」のメンバーを募った。登録されたメンバーは，本業である業務の傍ら，週末を中心に，拠点において「農」「林」「漁」「猟」に関する各種作業を行う。次第に活動がライフスタイルに取り入れられていく場面がみられており，その詳細は次項で述べることにしたい。

（2）「もものわ」プロジェクトの様相

　「もものわ」プロジェクトの発足時，メンバーは3人であったが，2019年9月現在においては21名となっている。メンバーの職業は学生や会社員が中心であり，居住地は仙台が最も多く，次いで石巻市内，また，青森，群馬，東京，愛知といった遠方からの参加者もいる。メンバーは休日などの都合にあわせて

図表 4 - 11　もものわ紹介チラシ

出所：筆者作成。

図表 4 - 12　山林の間伐作業

出所：筆者撮影。

図表 4 - 13　畑作業風景

出所：筆者撮影。

図表 4 - 14　鹿の捕獲と解体

出所：筆者撮影。

石巻市桃浦地区を訪れ，「農」「林」「漁」「猟」に関する各種作業を楽しんでいる。

「もものわ」の目指すビジョンは，海・里・山に対して人間が補助的に介入することにより，有機的な好循環を生み出していくというものである。各メンバーが楽しみながら「農」「林」「漁」「猟」の営みを行うことにより，結果的にこのビジョンは実現されるものと考えている。これは牡蠣殻リサイクル事業で筆者が描いた図表 4 - 3 のグランドビジョンから着想を得たもので，このビジョンの具現化に向けた異なる切り口からのアプローチという位置づけにもなる。2019 年 9 月現在で活動開始から 2 年 2 カ月が経過し，地元住民のコミュ

図表4－15　企業へ納品した テーブル	図表4－16　ケアシェルを活用した アサリの採苗

出所：筆者撮影。　　　　　　　　　　　出所：筆者撮影。

ニティにも少しずつ受け入れられてきた。収穫祭などのイベントには地元住民が参加し，地域行事の相談なども舞い込むようになった。

　拠点となっている畑はいわばコミュニティファームであり，特に予定を合わせずとも自発的にメンバーが集まってきて，楽しみながらの共同作業が始まる。収穫した野菜は自分たちで食べる分だけ持ち帰る。この畑では，桃浦地区産の牡蠣殻を肥料として利用しており，また，落ち葉を腐葉土化して利用するなど，地域の有機物の循環を意識しながら土づくりを行っている。また，目前に広がる桃浦の海ではケアシェルを活用したアサリの採苗にも取り組んでいる。

　活動を進めるうちに事業性の高い取り組みの展開も生まれている。仙台市の企業から県産材を活用したテーブルのオーダーがあった際は，筆者自らスギを伐採し，石巻市内の製材所および家具職人に掛け合って，テーブルを製造し納品した。この活動を機に，製材所や家具職人との関係も構築しつつある。また，テーブルを納品した企業は，使われた木材が生育していた山林を活用し，企業研修を実施している。筆者が「循環」をキーワードに現場を案内のうえ，桃浦の海産物や「牡蠣殻米」を用いたランチをとりながら五感を使った体験型の研修を提供した。

　いずれにせよ，始まったばかりの「もものわ」の活動であるが，多様なメンバーが職種などに関係なくボーダレスな関係を構築し，また，農林漁業間の関係性もボーダレスとなるよう，そして，メンバーにとってこの活動がライフスタイルとなるよう，活動に取り組んでいる。

5．おわりに

　本章では，筆者が石巻市への移住を決めた経緯から，「もものわ」の活動を展開するに至る経過を述べながら，その間の石巻市6次化センターおよび牡蠣殻リサイクル事業の取り組みについて紹介した。本章の執筆にあたり，着想から実際にプロジェクトを展開するに至った背景には，東日本大震災の影響が大きかったことに改めて気付かされた。震災前から「一次産業振興」と「環境保全」へのアプローチが念頭にあり，結果的にこの2つの要素が震災復興の過程において現場のニーズと合致していたことから，「復興支援」という地域の大きな文脈と合流する形で自身の構想を具現化することができた。牡蠣殻リサイクル構想と「もものわ」の活動は，同時に展開しており，好循環が生み出されていたのである。

　地域には多くの課題がある。桃浦地区では鹿の増殖による農産物への被害も深刻になってきている。それに対して「もものわ」では地域住民と連携しながらわな猟の資格を取得し，狩猟の活動も始まっている。狩猟活動を展開する上では，解体作業も責務となってくる。今後も「循環」を意識しながら，さらに内容を充実させ，「環境保全」と「一次産業振興」の双方に対する最適解を見つけていきたい。

参考文献

　佐々木秀之（2016）「復興過程における六次産業化政策の展開と支援センターの役割
　　　―石巻市六次化・地産地消センターにおける協働による事業者支援の事例」『東北
　　　計画行政』第2号，日本計画行政学会東北支部，pp.17-23。

第5章

小規模ビジネスの創業支援
「ちっちゃいビジネス開業応援塾」について

1. はじめに

　筆者は2000年に，当時普及しつつあったパソコンの導入を支援するIT講習やPC設定サポートを事業内容とする，有限会社ゆいネット（現・株式会社ゆいネット）を設立した。その後，資格取得対策講座，建築設計ソフトの講座，求職者に対する就業支援講座などを展開し，また，講座開催以外に，通信事業者からの設計事業受託や技術者派遣事業にも進出した。IT産業が落ち着きを見せ始めていた2010年には「caféを開きたい人のためのココロの準備セミナー」という起業支援の事業にも取り組み，これらの事業の経験を生かして，東日本大震災以後は人材育成に関わってきた。本章ではその具体的な取り組みである，「ちっちゃいビジネス開業応援塾」を中心に，筆者が中心となって展開した，主に女性を対象とする起業・創業支援の取り組みを紹介する。

2. 東日本大震災前の仙台市および当社について

（1）震災以前の「仕事」を取り巻く状況
　本章で対象とする仙台市の人口は1999年に100万人を突破し，2010年には104万人を超えていた（仙台市，2019）。一方で，2008年に起こったリーマンショックの影響は東北地方に色濃く残り，2010年における仙台市の完全失業

率は 7.5％であった（仙台市，2011）。当時，当社には設計技術者が多数在籍し，求職者に対する建築設計ソフトの技術指導をするとともに，履歴書の書き方や面接のノウハウなどを教えてきた。受講した生徒の中には，習得した技術を生かして設計業務に就く者も多数いたが，リーマンショック後は技術があっても正規雇用としての就職は厳しい状況であり，派遣労働や期間雇用という条件での採用が多くなっていた。技術習得が中途半端で何事にも自信が持てない生徒はどんどん落ち込んでいく様子が見られた。その反面，業務で訪れた三陸の沿岸部には自分たちの仕事に自信を持って働く漁師の姿があり，「この姿を生徒たちに見せられないか」そう考えていた矢先に，東日本大震災が発生した。

（2）震災当時の様子

　震災当日，当社では求職者向けの建築設計ソフトの講習会が開催されており，15 人余りの生徒たちが学んでいた。14 階建てのビルの 12 階のフロアは激しく揺れ，複合機やデスクが波のように動き，書庫がバタバタと倒れてきた。幸い，社員にも生徒にもけが人はなかったが，気仙沼市，石巻市，亘理町など沿岸地域に住む社員の中には自宅が被災した者もいた。震災直後，業務はすべて中断，出社できる者だけが出社し，日々，社内の片づけに終始した。ぽつぽつと業務が再開し始めた 4 月初旬，「延期となっていた講座はいつ開催されるのか」という問い合わせの電話が入った。3 月中旬に予定していた「café を開きたい人のためのココロの準備セミナー」についてであった。自社でできる講座などの事業から再開することを判断したが，当時は，安全確保の面からヘルメットを机の脇に置き講座を開催していた。

3.「ちっちゃいビジネス開業応援塾」について

（1）震災による地域課題

　仙台市の完全失業率は 2005 年の 7.1％から 2010 年には 7.5％に上昇しており，その中で東日本大震災は発生した（仙台市，2011）。震災による産業関連の被害

額は，農林水産業関係で約735億円，商工業関係で約2,147億円であった（仙台市，2019）。なんとか雇用の場をつくらなくてはならないが，各企業も震災の影響で，社内インフラの復旧や販路の回復等といった喫緊の課題を抱えており「雇用を増やしてくれ」と頼るのも難しい。当時，このような状況下で仙台市が産業復興に資する施策の立案にあたっては，開業率に着目していた。開業率はさまざまな機関が算出しているが，厚生労働省の雇用保険事業年報（2010）を参考にすると，2010年当時，適用事業所数から新規適用事業所の割合を算出すると全国平均が4.5%のところ，宮城県では4.9%と全国平均を上回っていた。災害後の開業率について，大竹・奥山・佐々木・安井（2012）は，阪神・淡路大震災後の雇用状況について調査する中で，総務省の「事業所・企業統計調査」から，被災地域の開業率が全国平均4.3%を上回る5.5%であったと述べている。

　仙台市においても，最初は小規模でも自分で事業を始める人が多数出てくれば，将来的に雇用をつくる立場に育つ可能性があるという展望から，ビジネス創出支援（起業支援）に乗り出した。

（2）「ちっちゃいビジネス開業応援塾」のはじまり

　当社で実施する「ちっちゃいビジネス開業応援塾」は，2011年度に仙台市の緊急雇用創出事業「地域ビジネス創出支援事業」として開始した。この事業に名乗りをあげたきっかけは，2010年から実施していた「caféを開きたい人のためのココロの準備セミナー」にある。当時カフェが流行りはじめ，「最近は自分でカフェをやりたいという人がいるので，その人に向けた開業講座を開催してはどうか」と社員が企画提案したものだ。人気のカフェを会場に，店主の想いを聞き，人気のメニューを実際に食し，自分はどんなカフェをつくりたいのか目標や計画を立てていくという流れだ。

　また，2007年から3年間にわたり，市内の専門学校の「シニアのためのインターネットを活用した起業講座」をサポートしたこともきっかけとなった。インターネットを活用して第二の人生にビジネスを興そうというもので，事業

計画の立案や，ホームページ作成などの IT 技術を習得するという内容であった。この 2 つの講座のカリキュラムを併せて構想を立案し，震災後に必要な起業支援講座のカリキュラムを構築した。

また，当時，起業家にもさまざまなレベルがあることについて，各支援機関と情報交換を行い，起業家のレベルを図表 5 - 1 のようにセグメントした。当社では「ちっちゃいビジネス開業応援塾」というネーミングで，A の示す，一人・二人・家族といったごく小規模でビジネスを始めたい人たちを対象とした。「飲食店をやりたい」「得意なお菓子づくりを仕事にしたい」などざっくりとしたアイデアはあるが，どのようにしたらその後の道筋が見えてくるのか掴みきれていないという人たちである。次の段階である B は，ある程度の道筋は見えているが，行政などの支援機関に相談に行くほどの材料がまだ揃っていない人たちで，事業計画書や売り上げ計画などを作成していない場合である。C は行政の支援などがあれば自力で起業できる人たち，D は自分の力で起業できる人たちである。E は起業支援にはあたらないが，起業者の将来的な目標に

図表 5 - 1　起業希望者のレベルによるセグメント

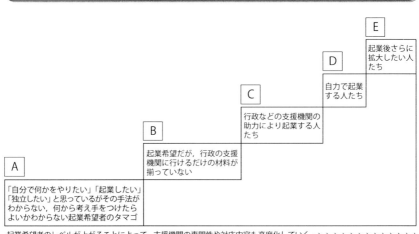

起業希望者のレベルが上がることによって，支援機関の専門性や対応内容も高度化していく　→→→→→→→→→→→→→

出所：筆者作成。

するために設定した。この内容から，仙台市内の各支援機関とレベルごとに担当を分担した。

（3）塾の展開

　「ちっちゃいビジネス開業応援塾」は仙台市を開催地として2011年に事業を開始した。詳細は後述するが，アイデアのまとめから事業計画策定までを学ぶ「開業基本講座」を主軸に構成し，個々の必要性に応じて受講できる「応用講座」を準備した。当社独自の媒体での広報活動によるほか，マルシェや市，販売イベントなどにスタッフが出向いて出店者に対するPRを実施し集客に努めた。2012年から2013年にかけては，会場まで出向けない被災した方々への配慮から，仙台市内の扇町や長町に設置されていた応急仮設住宅にて講座を開催した。

　加えて，2014年1月に，飲食店開業希望者のためのインキュベーション施設である，飲食店「みやカフェ[1]」を開業した。受講生の起業希望業種には，カフェなどの飲食サービス業が多いが，実際に開業するためには建物のほか厨房機器や店内備品などに多額の投資が必要である。営業には保健所の許可が必要で，開業前に予行練習をすることも難しく，そのため開業に二の足を踏むケースや，開業してから想定外の事に出くわし後悔することもある。「みやカフェ」は実際に提供するメニューのレシピ作成や，モニターとなるお客様を招いてヒアリングをする場としても活用された。

　震災から4年が経ち，2015年3月に仙台市からの委託事業としての「ちっちゃいビジネス開業応援塾」は終了した。しかし，受講希望者が途絶えることがなく開催希望の声が多かったため，2015年4月からは自社の独自事業としてリスタートし，図表5－2の通り，2019年9月現在も継続している（仙台市事業では必要とされる実費以外には受講生の参加費負担はなかったが，現在は受講料を徴収している）。当社では，仙台市で実施してきた「ちっちゃいビジネス開業応援塾」を，他地域でも開催するようになり，岩手県一関市および北上市などで，地域性を鑑みながらカリキュラムをブラッシュアップして開催している。ま

72

た，2019年からは塾の卒業生がオープンしたカフェを会場に借りて塾を開催
している。以下，図表5−2に，これまで述べてきた事業の展開経緯をまとめ
ておく。

図表5−2　ちっちゃいビジネス開業応援塾の年表

年	月	出来事
2010年	8月〜	cafeを始めたい人のためのココロの準備セミナー開催（自社事業）
2011年	10月〜	ちっちゃいビジネス開業応援塾開始（仙台市緊急雇用事業）
		受講生交流会　開始
2012年	6月〜	先輩起業家視察ツアー　開始
		専門家懇談会　開始
		仮設住宅への出張講座開始
2013年	12月	仮設住宅への出張講座終了
2014年	1月	自社店舗「みやカフェ」オープン，飲食店向け応用講座開始
		テストマーケティングのワンディカフェ実施
	12月	南三陸町での起業講座開催（宮城県復興支援事業・復興応援隊も含めて）
2015年	4月	ちっちゃいビジネス開業応援塾を，自社事業に切り替えて実施，有料化
	6月〜	岩手県一関市開業応援講座開始（岩手県一関市委託事業）
2018年	10月〜	岩手県北上市プチビジネス講座開始

出所：筆者作成（2019年9月）。

（4）プログラム内容について

　この事業の目標は，「なにかやりたい」「得意なことで起業したい」という思
いのある方を対象に，自身のアイデアをまとめる機会を提供し，最終的に事業
計画を立て起業につなげることであった。これまでに取り組んできた講座を，
内容や種類で分けると図表5−3の通りとなる。開業基本講座は，飲食店や菓
子製造など食にかかわるテーマを主に扱う「飲食コース」と，物品製造と卸小
売りを意識した「物販コース」，実店舗を持たないインターネットでの販売を
手掛けようとする「ネットビジネスコース」に分けて実施した。8回連続での
講座内容は共通しているが，それぞれのコースに適切な事例を盛り込むよう工
夫をした。また，応用講座は，それぞれのコースで実際に事業を展開している

図表 5 － 3　ちっちゃいビジネス開業応援塾　講座の分類について

NO	内容	回数	備考
1	開業基本講座	全 8 回	90 分／回　「飲食」「物販」「ネットビジネス」
2	開業応用講座	全 4 回	90 分／回
3	先輩起業家講座	単発	
4	先輩起業家視察ツアー	単発	貸切バスで移動
5	専門家懇談会	単発	（税理士・弁護士・司法書士・社労士）
6	実技講座	単発	営業・経理・ホームページ・チラシ作り・ラッピング・盛り付け，その他
7	シミュレーション講座	単発	ワンディカフェ・マルシェなど，実践練習の場

出所：筆者作成。

　経営者が講義を担当した。実際に店舗を見学することにつながり，「生きた起業の体験談」を伝えてもらうことができた。

　2012 年から 2015 年には，税理士，弁護士，司法書士，社会保険労務士といった士業の方にも協力をいただき，「専門家懇談会」を実施した。ごく小規模で何かを始めようという人たちの間には「専門家に何を質問したらよいのかわからない」という声も多く，起業によって直面する課題の具体例を示しながら，専門家に講話をもらい，気軽に質問ができる雰囲気づくりを心がけた。また，少しだけ先をいく起業家の先輩の事例について，起業家本人から話を聞いたり，起業の現場を見せてもらったりする「先輩起業家講座」，「先輩起業家視察ツアー」も実施した。この講座のポイントは，少し手を伸ばせば届くくらいの起業家の先輩が，今，どんなことに困っているのか，どんなことにやりがいを感じているのか等を聞けることである。このような機会の提供により，起業前の受講生が，本当に一歩を踏み出すかどうかを考えるきっかけとなった。

　「開業基本講座」は，2011 年からいくつかのパターンを変えて実施し，最終的には，図表 5 － 4 のとおり，8 回連続講座のカリキュラムとなった。この講座は仙台市の特定創業支援事業[2]の対象となっており，指定した必修講座を受講し，かつ 80 ％以上の出席を要件に，特定創業支援事業対象講座の受講認

図表5－4　ちっちゃいビジネス開業応援塾　開業基本講座のカリキュラム

回	タイトル	内容	必須
第1回	私の「好き」「やってみたい」からビジネスの種をみつける	アイデアの整理	
第2回	やりたいことを仕事にするには～ビジネスの考え方～	経営者とは	
第3回	個人で起業する？ 会社をつくる？ 事業形態を学ぶ	事業形態，組織	☆
第4回	何を，いくらで，誰に売る？～マイビジネスを考える～	経営，財務	☆
第5回	ひとりでもできるマーケティング	市場，販路	☆
第6回	事業の収支を考えよう～売上とは，経費とは～	収支計画	
第7回	ビジネスプランをまとめよう～事業計画のつくり方～	事業計画立案	
第8回	ビジネスを宣伝する～広報の手段～	広告宣伝	

出所：ちっちゃいビジネス開業応援塾シラバスより，筆者作成。

定証を発行している。

　8回の講座は，基本的に週1回水曜日に90分の講座として開催した。受講生は，週1回とはいえ，約2カ月の間，他の受講生と講座の場・時間を共有することになる。受講生同士の情報交換を自然発生させるべく，講座中にできる限り受講生同士の対話の時間をとることに努めており，それによって，互いのアイデアや起業プランの理解が深まり，連携をしてなにか始めようというケースや，互いのプランを応援し合うケースが出てきていた。

　2016年，受講生の有志数名が，自分たちのやってみたいことを持ち寄って1日だけのカフェを営業する試みが行われた（図表5－5）。具体的には，将来サンドイッチを提供する店をやりたい人が野菜サンドやフルーツサンドをつくり，コーヒーショップをやりたい人がハンドドリップでコーヒーを淹れ，土鍋を活用してチーズケーキをつくり，自分で生産した野菜を売りたいと考える農家の方がサラダやピクルスをつくるといった取り組みである。ちょうど1年ほど前に起業した受講生が雑貨店を開いており，食器の活用を名乗り出てくれたこともあって理想的なワンディカフェとなった。

　受講人数は，2011年の開講当初から1,200名を超え（2019年7月末日現在），卒業後にサービスを開始した人や店舗開業に至った人もいる。受講生の属性

図表 5 － 5　有志によるワンディカフェの様子

出所：筆者撮影（2016 年 10 月）。

には特徴がみられ，1 点目は女性の占める割合が高いことである。男女比は，
2011 年度の受講生では 8：2 で女性が多く，2019 年現在では 9：1 程度となっ
ている。「ちっちゃいビジネス」という表現が女性向きであったのではないか
と推測しているが，「私の "好き" "やってみたい" からビジネスの種をみつけ
る」という，「身の丈」を意識したサブタイトルの表現もどちらかというと女
性に対して訴求力のある表現であったと思われる。

　2 点目は，年齢層である。図表 5 － 6 を見ると，30 代から 50 代における女
性受講生の占める割合が相対的に高いことがわかる。女性は子育てとの兼ね合
いがあり，子育て中の女性は特定の企業や事業所に籍を置いて働くことが難し
いと考えており，参加者のアンケートには「自宅でできることや子供を預けて
いる時間帯にできる仕事を考えたい」「子育てが落ち着いたので，そろそろ自
分のことを考えたい」といった意見がみられたのであり，そのことが受講動機
となっていることが考えられる。

76

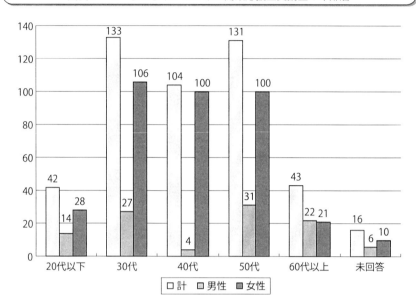

図表 5 － 6　ちっちゃいビジネス開業応援塾受講生の年齢層

出所：2011 年度ちっちゃいビジネス開業応援塾事業報告書（2011）より。

4．震災の経過と起業希望者の変化

　東日本大震災の発災後からこれまで述べてきた起業支援事業を開始してきた
が，年月の経過とともに受講者層の変化を感じている。講座を主催した当事者
の立場から，以下にその特徴をまとめたい。

（1）2011 年度の受講生の様子
　震災が起きたことにより，「何かやりたい」「今すぐ取り組みたい」という人
が多く，明確なビジネスプランがあるというよりも，気持ちや熱意が先行する
受講生が多かった。分類すると 2 つのパターンがあった。1 つ目は，もともと
「将来はこうしたい」「いつかやりたい」という夢や目標を持っていた人が，突

然発生した災害を目の当たりにして「もしかすると，“いつか”はこないかもしれない」と考え，焦りに近い感覚を持ち行動に移した「自分のやりたいことを軸とした」パターンである。2つ目は，自分がやりたいかどうかは別にして震災復興のために何かに取り組みたい，震災により仕事を失い何かを始めなくてはならないという，「自分のやりたいこと以外の軸」で取り組みを始めるパターンであった。

　2011年の受講生で，自分のやりたいこと以外の軸で起業した人の中に，平野真樹氏（OfficeHIRANO代表）がいる。東松島市でのボランティア活動の経験から，漁業再建に向かう生産者を応援したいと，当時勤務していた会社を退職して独立した。平野氏は，「生産者を支援し続けるためには一時的な義援金やボランティアでは続かない」と，生産する魚介類を仕入れ続ける仕組みづくりを展望し，仲間と飲食店を開業した。現在は，魚介類を提供する飲食店の運営のほか，魚介類と共にお酒を楽しむイベントのプロデュースや，生産者訪問ツアー（図表5－7）の企画，さらに，地域づくりにつながるイベント開催にも取り組んでいる。

図表５－７　平野氏が企画をした生産者訪問ツアーの様子

出所：平野真樹氏撮影（2019年7月）。

（2）2012年度の受講生の様子

　この年は，仙台市内で開催する講座に東松島市から8名，多賀城市から7名のほか，気仙沼市や石巻市，南三陸町など沿岸部の被災地を含む仙台市以外から56名が参加した（全295名）。また，応急仮設住宅に出向いての講座も開始した。気仙沼市からの受講生は，「いままでたくさんのボランティアに支えてもらった。これからは，自分も何かのときには支える立場になりたい。だから，自分がやってきたことをきちんと仕事にしたい」と語った。中には，「沿岸部で自宅も店舗も被災した。住み慣れた場所を離れるのはつらいが，生活するためには商売を再開する必要があり，心機一転，別な場所で再開することにした」と故郷に後ろ髪を引かれながらも前向きな決断をした受講生もいた。応急仮設住宅で開催した講座では，受講生全員が被災しているという状況での講座運営となったが，趣味を仕事につなげていけないかという語り合いなどを通して，「ちっちゃいビジネス」を考える機会をつくった。

（3）2013年度の受講生の様子

　「自分のやりたいことからビジネスに」といいつつ，「家族と一緒に」「夫婦で」「兄弟で」「友達と」といった，自分以外の誰かと取り組みたいというプランが多くみられるようになった。父親の定年後に家族で飲食店をやりたい，家族との時間を大切にするために自宅を改装して工房をつくりたいなど，何かに取り組む際に，自分の大切な人との絆をつくりながら取り組みたいという考えである。

　この年に受講した吉田守利氏は，家族とともに受講しており，自宅の隣接地にカフェをつくるという計画を持っていた。家族で料理やデザートをつくり，体に優しい食事を提供する飲食店を開くという目標とともに，車社会の中でもシニア世代が徒歩でやってきて憩える場所にしたいという想いがあった。震災復興から平時の状況に徐々に戻りつつも，単に自己実現ではなく，自分のやりたいことをどのように地域貢献につなげていくか，社会の課題解決を事業の成立と同時に考える人たちが増えてきた時期でもある。

（4）2014年度以降の受講生の様子

　震災から4年，5年と経過し，受講生の事業計画から震災復興の色は徐々に薄くなってきたが，自分がやりたいことだけをやるのではなく，自分が事業をすることでほかの誰かが笑顔になる，何かを地域に還元したいという考え方が定着してきた。

　中小企業庁の白書に起業家を類型したものがある。所得増大や自己実現，裁量労働，社会貢献目的等の積極的理由からの起業を「能動的起業」，生計目的等の消極的理由からの起業を「受動的起業」とし，起業家の8割は能動的起業であると報告している（中小企業庁，2011）。この分類を参考にすると「ちっちゃいビジネス開業応援塾」の受講生は，総じて皆「能動的起業」を志向していたといえる。

5．他の事業との連関

（1）地域おこし協力隊と復興応援隊事業

　以下では，当社，株式会社ゆいネットの展開する事業のうち「地域での起業」という観点で前述の起業講座と深く関連し，成果を生み出した事業を紹介する。

　2009年，当社では「田舎で働き隊」という都市部の人材を地方で活用するという事業のサポートを担当しており，この実績から，2011年に宮城県が緊急雇用創出事業を活用して実施した「地域おこし協力隊事業」を受託した。3名を雇用し，栗原市花山地区，登米市東和地区，丸森町筆甫地区に1名ずつ派遣した。協力隊員は，各地に移住し，地域での業務を遂行する。協力隊員として勤務する間は，制度によって給料が支給されるが任期に制限があり，任期終了後にその地域に住み続けるためには，就職先をさがすか，または自身で事業を始める必要がある。震災後，2012年に受託した「復興応援隊事業」は，雇用した人材を被災地に派遣するという仕組みであり，当社では南三陸町に10名の人材を派遣した。

　協力隊も応援隊も移住してその地域の業務にあたり，隊員として働くうちに地域に愛着を持つとその土地に住み続けたくなる。しかし，過疎地や被災地ではマッチする仕事が少ない場合が多く，当社では，隊員に対し前述の開業応援講座への参加をよびかけた。また，2013年から隊員の副業を許可し，事業につながる活動を支援してきた。全員が起業するというわけにはいかなかったが，協力隊では1名がそのまま栗原市花山地区に移住して起業し，応援隊では3名が現地にて起業を果たし，3名が地域の企業や団体に勤務している。このような具体的な成果を生み出せたのも，ちっちゃいビジネス開業応援塾の経験によるところが大きい。

（2）南三陸町の起業者

　復興応援隊の活動を経て，南三陸町で起業をした事例を紹介する。柳井謙一氏は東京都出身で，震災後にNPO団体の被災地支援者として南三陸町に赴任したことをきっかけに，復興応援隊事業の隊員に応募した。応援隊員として，南三陸町観光協会での業務にあたり，主に，WEBや紙媒体のデザインを担当したが，仮設商店街を取材し，町の観光情報として発信するうちに，もっと南三陸で買物をしてもらうにはどうしたらよいかを考えるようになった。柳井氏は，南三陸ならではのお土産がつくれないかと，少額の借金をして商品開発に取り組んだ。開発した商品を仮設商店街の店舗に卸販売をし，売り方のコツやポップなども指導，商品が売れれば店舗に売上が入り，卸販売をした自身にも売上が入るという仕組みづくりに取り組んだ。現在は，南三陸モアイファミリーのブランド名でモアイのキャラクター商品を展開している（図表5－8）。そのモットーは自身の商品が売れればよいということだけでは決してなく，地域の店舗とともに進むという社会課題解決型の起業である。柳井氏は，副業として事業開始後，個人事業主登録を経て，2017年にKEN株式会社を設立した。

　また，合同会社でんでんむしカンパニーを設立した中村未来氏も東京都出身である。復興応援隊として南三陸町で働くうちに，町の風景や人に魅了されて定住を決意し，起業した。南三陸町歌津の山間の風景をたくさんの人に見ても

図表 5 － 8　柳井氏の制作したキャラクター「モアイファミリー」

出所：モアイファミリー WEB サイト。

らおうと，藍を育て，藍染体験の受け入れを行っている。現在は，藍染め体験と藍染め商品が主力商材だが，2020 年春には民宿を開業する予定だ。

　さらに，南三陸ダンススクールは，南三陸町内に子供たちがダンスを習えるところがなかったことから，固定のスタジオがなくともまず習う機会づくりをしようとダンスを得意とする星野奈々氏が主宰したものだ。星野氏も東京都出身で，南三陸町の復興応援隊として町のイベント運営などを担当するうちに，参加者である町民の声を聞き，スクールを開始した。3 人に共通するところは，地域の課題や困りごとをベースに，自分の持つ技術や能力から何ができるのかを考え，それを実践し仕事にしていったことである。

（3）筆者自身の新たなビジネス展開—たびむすびの設立

　開業応援塾で受講生を支援しつつ，筆者自身でも震災後に起業に取り組んだ。「株式会社たびむすび」の設立である。震災前に，何事にも自信を持てない求職者に対し，漁師が自信を持って働く姿を見せたい，「旅」を手段として「学び」につなげる「学びと旅の融合」ができないかと構想していた。しかし，学びにつなげる旅を事業にするためには旅行業の許可が必要である。旅行会社と連携するという手段もあったが，自分の想いを大切にしたいと新会社設立の準備を始めたが，そこに東日本大震災が発生した。世間は自粛ムードで旅行どころではなかった。旅行会社設立を諦めていた 2011 年 4 月，周囲から「今こ

そやるべき」「被災地に人を連れて行く仕組みが必要」と後押しをされ，同年6月に株式会社たびむすびを設立した。同社は第2種旅行業の許可をとり，東北地方への誘客を「被災地」「伝統工芸」「都市観光」などのテーマで学びにつながるものを企画している。被災地，過疎地への誘客に苦労しているという社会課題を，旅という手段で解決しようとするビジネスのあり方であるといえる。

6. ちっちゃいビジネス開業応援塾の成果と課題

　ちっちゃいビジネス開業応援塾では，仙台市内を中心に1,200人を超える人が受講し，約14%[3)]の人が開業や事業主登録をした。現在，飲食店，菓子製造，服飾製造，雑貨販売業，食品販売，講師業，マッサージ業のほか，さまざまな業種で受講生が活躍している。何かをやりたいという人たちに，起業の初歩を学んでもらうことで，特定の企業や事業者に雇用される以外の働き方について，理解を広められたことは大きな成果であった。

　しかし，課題も残る。開店して地域の人気店となった人や大きな仕事がとれるようになった人もいれば，一度開店したがやむなく閉店をした人やサラリーマンに戻った人もいる。開業前の講座開催や相談会は実施してきたものの，開業後の計画遂行確認や，成果確認の後追いや取りまとめを当社のみで実施することは困難であった。仙台市の各創業支援機関が相互に連携をし，起業準備者の情報を共有し，開業までの進捗確認，開業後のフォローを地域全体で実施することができれば持続的な事業運営につながると考える。ただし，個人情報保護の観点から，起業準備者の情報を複数の機関で共有するためには，かなり高いハードルをクリアする必要がある。

　本章で紹介した「ちっちゃいビジネス」と銘打った，ごく小規模での開業は，手が届きやすい。すぐに取り組むことができる事業も多い。しかし，自分がやりたいことを自分のためだけに事業化しようとするのではなく，自分のやりたいことで社会の誰かが喜ぶような事業を創りだすことが大切である。被災地の

状況も刻々と変化する。世間の状況も刻々と変化する。その変化に対応しつつ，自身の事業を継続させていくためには，常々社会全体を見る視点と注意力が必要で，その変化に対応していく能力こそ必要であろう。

【注】
1 ）　仙台市青葉区一番町に開店した飲食店。通常は飲食店として営業していたが，1 日店長方式を取り入れ，開業希望者のチャレンジを受け入れた。2017 年 6 月に閉店。
2 ）　各自治体が起業を目指す人に支援をするため産業強化法に基づき，創業支援等事業計画を策定し，それに基づき各自治体の認定連携創業支援等事業者が創業を希望する人に行う継続的支援をする事業。
3 ）　当社受講生の開業率。全体の平均であり，年によりばらつきがある。

参考文献・URL

大竹文雄・奥山尚子・佐々木勝・安井健悟（2012）「阪神・淡路大震災による被災地域の労働市場へのインパクト」『日本労働研究雑誌』No.622，pp.17-29.

厚生労働省　雇用保険事業年報　雇用保険事業年報Ⅲ　都道府県労働局別の状況　第 25 表（1）都道府県労働局適用状況（事業所関係　平成 22 年度）
https://www.mhlw.go.jp/bunya/koyou/koyouhoken02/annual03.html

仙台市（2011）「仙台市　平成 22 年国勢調査第二次基本集計結果」

仙台市（2019）「仙台市　東日本大震災による被災状況」
http://www.city.sendai.jp/okyutaisaku/shise/daishinsai/higai.html

仙台市（2019）「仙台市　月別の推計人口及び人口動態」
http://www.city.sendai.jp/chosatoke/shise/toke/jinko/suikei_h15.html

中小企業庁（2011）『中小企業白書 2011』，p.202.

第 6 章

ボランティアを発端とする
ソーシャルビジネスの展開

―石巻沿岸部におけるダイビングサービス事業の展開と
海岸清掃活動の事例―

1. はじめに：復興ボランティアの新たな潮流

　本章では，宮城県石巻市および女川町を中心に活動を展開する 2 つの事業，「一般社団法人石巻海さくら」と「宮城ダイビングサービスハイブリッジ」の事例を取り上げる。この 2 事業は，双方とも同一の代表者によって経営されている。

　宮城県石巻市は，東日本大震災における被災地では最大規模の都市である。平成の大合併により，2005（平成17）年 4 月 1 日に，石巻市のほか隣接する 6 町が合併し，現在の規模になった。

　合併から 6 年後となる 2011（平成23）年 3 月に東日本大震災が発生した。都市規模の大きい石巻市には，多くのボランティアや非営利組織が集結し，駅前通りには NPO 中間支援組織の拠点が多数設置された。もちろん多くの混乱はあったが，石巻の状況は日々メディアで報道され，ボランティアが駆け付ける拠点となっていった。震災を経て石巻市では，ボランティア活動の従事者の中には，活動を契機に，現地で起業し，事業を継続しながら経営者となるケースがみられている。本章で扱う石巻海さくらと宮城ダイビングサービスハイブリ

ッジの代表である高橋正祥氏もその1人である。震災ボランティアといえば時限的なものを想定するが，高橋氏はいまだ活動を継続しており，活動が事業として成り立っている。本章は，震災ボランティアとダイビング事業を両立しながら震災復興に取り組む同氏の活動の経緯を整理することによって，いかにして震災復興に関する活動とビジネスの両立が図られてきたかというスキームを検証するものである。

（1）ボランティア活動の継続性

　ボランティア活動の継続には，人的，資金的な資源が必要である。全国社会福祉協議会（2010）によれば，ボランティアに苦労した経験がある団体やグループは30〜50人規模のグループに多く，6割程度が「ある」と回答している。その内容としては，「活動メンバーが集まらなかったこと」，「立ち上がり資金が不足していた」の順に多く，活動拠点，始め方，役割分担，内容と続いている。災害ボランティアの分野では，この割合が少し下がるものの，抱えている課題は変わらない。なお，活動分野別にみると，本章で扱うまちづくり分野では，「自分たちで対応できる範囲を超えた依頼を受けて苦労した」，「既存のグループとの調整が難しかった」という困難を抱えている（『全国ボランティア活動実態調査報告書』p.87）。この調査は震災前の2010年に行われたものであり，震災復興の最初期のボランティア活動についても同様の困難があったものと考えられる。

　また，ボランティアの継続性を規定する要因として，桜井（2005）は，若年層（30歳未満），壮年層（30歳以上60歳未満），高齢層（60歳以上）に分類し，ボランティアの継続行動についてライフサイクルから分析を行っている。この中で，若年層では「活動内容」が重視されており，活動を通じたやりがいが継続の要因とされている。壮年層では，「集団性」に重きが置かれる傾向があり，ボランティア同士のコミュニケーションや所属意識への満足感が活動継続の要因であることが示されている。一方で「活動理念への認識」が継続の阻害要因として挙げられており，理念的に強固に結びつくよりも，ゆるやかなつながり

によって活動を継続していることが指摘されている。また，高齢層では，「自己成長と技術習得・発揮」を動機として持っている人ほど継続歴が長いことが示されており，自身のスキルを発揮できる，ボランティアを通じた自己成長を目的としていることが示唆されている。このように，ボランティアの行動は個人が面しているライフサイクルにも影響を受ける。したがって，参加者のライフサイクルにおけるボランティアの意味付けも継続を規定する要因として重要である。

　さらに東日本大震災におけるボランティアという意味では，坂本（2013）が，阪神・淡路大震災と比較して，東日本大震災に対するボランティア活動が低調であったことを指摘する中で，日本 NPO センター，日本 NPO 学会による調査を基に，東日本大震災のボランティア活動について，「心理的関与」，「リクルートメント」，「資源」の3つから参加に至る要因を考察している。この中では，職場や諸団体など，普段から所属しているネットワークから勧誘を受けて（リクルートメント）参加した割合が高い結果が示されるとともに，ボランティア活動経験がある者の方が，ない者に比べて高い割合でボランティア活動に参加していることから，経験，情報といった資源が参加に好影響を与えていることを示している。一方で，ボランティア活動に参加していない人びとも支援活動に関心がなかったわけではなく，「心理的関与」の状態は高い水準であったことも示されており，ボランティア活動への参加を規定する要因として「リクルートメント」と「資源」を挙げている（坂本，2013）。なお，ここで挙げられている「資源」とは，金銭や時間の多寡ではなく，情報，知識，経験などを指している。

（2）震災復興と社会起業

　復旧復興にボランティアが貢献した事実がある一方で，参加者のライフサイクルの変化や他者からの働きかけが求められることなど，ボランティア継続の要因はさまざまであることから，時限的な活動が想定されることも少なくない。ボランティアの力のみで震災復興を成し遂げることはできず，震災復興の

過程では，従来の地域の課題を内包する形で，社会課題が顕在化し，その課題の改善にビジネスの視点が必要となってくる。実際に海外では，災害を契機に社会課題の解決を1つのミッションとした事業の発展の事例も見られる。

　NPO 法人 ETIC.（2014）は，ハリケーンカトリーナによって地域経済，雇用の1/3 が失われたとされる米国ニューオリンズが，全米でも有数の起業家のまちとして知られるようになった過程を報告書にまとめている。この報告がまとめられたプログラムは，起業家支援の先駆的事例を学ぶことで東日本大震災からの東北の復興支援活動について，その社会的インパクトの向上を目指すものである。この中では，特に，起業家支援において重要な役割を担ったルイジアナ財団と THE IDEA VILLAGE を取り上げ，多くの起業家を支援したスキームが考察されている。

　ルイジアナ財団は，カトリーナの被害があった 2005 年に民間からの資金を集め，ソーシャルビジネスを支援する組織として活動している。この財団の特徴的な取り組みとしてはデータを活用して，復旧復興の進捗を可視化したことが挙げられる。政治的にも中立なデータの公開によって，ニューオリンズの抱える課題を捉えることができ，信頼感を持った資金提供が得られたことが多くの起業家を支援するに至った取り組みであった。また，THE IDEA VILLAGE は 2000 年の設立以来，3,000 人以上の起業家支援を行っており，コンサルティングサービスを提供することで，ニューオリンズ在住の起業家をサポートしてきた。この取り組みでは，年に一度まちを挙げて起業家の支援を行うイベントを行っており，災害後に溢れかえったリソースを集合させることを狙いとしている。

　ニューオリンズの事例にみられるように災害からの復旧復興は，社会的課題に対するソーシャルビジネスを生み出す上での1つの契機ともなりえる。実際に，東日本大震災からの復旧復興過程においても，2013（平成 25）年に仙台市が開業率 9.91％で全国2位となっている（総務省平成 26 年度経済センサス基礎調査）。この背景には，復旧復興事業の増加という側面もあるが，社会課題に迫るボランティアを含む支援活動から起業し，事業として支援が展開されている

88

事例が生まれていることも一因である。

　このように災害復興においては，ボランティアとして活動を続けていくという選択肢だけではなく，ソーシャルビジネスやコミュニティビジネスとして持続可能性を高めていく方法もある。本章ではその双方を展開している事例として，「一般社団法人石巻海さくら」と「宮城ダイビングサービスハイブリッジ」の活動を取り上げる。非営利の事業と営利の事業を並走させることによって，ボランティア活動の持続性を担保しながら，収益事業も軌道に乗せることができたという好循環を生み出している。このモデルは，復興活動を継続するものとして一考の価値がある。多くの団体が，災害からの復旧復興のボランティア活動をきっかけに，被災地でのビジネスモデルの確立を模索する中で，社会貢献とビジネスのバランスに苦慮しているが，当該事例はボランティア活動とビジネスを並行して行うことで相乗効果が生まれており，社会貢献とビジネスを両立させるスキームを構築しつつある。

2．起業経緯

　高橋正祥氏は，1979 年の生まれであり，仙台市に実家がある。大学卒業後，ワーキングホリデー制度を利用し，オーストラリアやグアム，サイパンに滞在した。その間ダイビングに関心を抱き，2009 年に帰国すると，知人の経営する神奈川県葉山町にあるダイビングショップでの勤務を開始した。葉山町は鎌倉など観光客に人気のまちに近く，ダイビングが盛んである。勤務から 2 年が経過した頃に東日本大震災が発生し，実家がある仙台と祖母をはじめ親類が多く住む石巻へ食料を届けるという名目で，被災地へ赴いた。具体的には，震災 5 日後に仙台に入り，翌日に石巻へ移動，それから 1 カ月間ほど物資配布活動に従事した。以後，同氏は神奈川県から通いながら，定期的にボランティア活動を継続する。なお，高橋氏は，震災以前にはボランティア活動に対する興味関心が高かったというわけではなく，ボランティア活動の経験も皆無であった。

　震災 2 カ月後になると，全国からダイバーが石巻に集まり，有志による行方

不明者の捜索が開始された。そこで結成されたのが「宮城行方不明者捜索チーム」であり，自衛隊や警察による活動と連携しながら捜索の取り組みが展開されていった。この活動では，主に神奈川県藤沢市江の島を中心に活動を展開する NPO 法人海さくらのネットワークによりダイバーが結集していた。高橋氏が捜索活動の中で実感したことは，地元のダイバーが少ないということであった。これでは持続的な活動展開につながらないのではないか，という思いが，自身で起業し，事業展開を決意するきっかけとなった。高橋氏は，2012 年 5 月に神奈川県のダイビングショップを退職し，石巻に移住を決め，活動に専念することにした。図表 6 − 1 は，高橋氏の起業後の事業展開の概要である。「石巻海さくら（2015 年より一般社団法人化）」によるボランティア活動と，前職での経験をもとに創業した「宮城ダイビングサービスハイブリッジ」の 2 事業について，それぞれまとめているが，その詳細は後述する。

　高橋氏は，江の島で活動する NPO 法人海さくら関係者らによる勧めや，周囲の後押しがあって起業を決意し，当時募集のあった内閣府による「復興支援

図表 6 − 1　高橋正祥氏による 2 つの事業の起業展開

年	石巻海さくら	宮城ダイビングサービスハイブリッジ
2012 年	・石巻海さくら設立（任意団体，11 月） ・海岸清掃活動（umihama そうじ）開始（11 月）	・内閣府創業支援に採択される（5 月） ・石巻市渡波にて開業（個人事業主，6 月） ・竹浦（女川町）にてダイビングサービスを開始（8 月）
2013 年	シュノーケリング教室，開始	・狐崎浜（石巻市牡鹿地区）にてダイビングサービスを開始（4 月）
2014 年	新規事業は特になし	新規事業は特になし
2015 年	・一般社団法人化（9 月）	・『三陸海の生き物図鑑』刊行 ・女川町復興商店街「シーパルピア女川」に常設店舗を開設（12 月）
2016 年	・企業研修の受入れ開始	
2017 年	・海岸清掃活動（umihama そうじ）50 回目となり，「海を愛する人たちの座談会」開催（2 月）	・祝浜を含む鮫浦湾にてダイビングサービスを開始（3 月）

出所：高橋正祥氏へのヒアリング調査をもとに作成。

型地域社会雇用創造事業」に応募することでその一歩を踏み出した。この間，潜水士としての就業を検討した時期もあったが，自身で起業し，事業としてこれまでのボランティア活動を継続させる道を選択したのである。内閣府による「創業支援事業」は，復興過程に貢献する社会起業家の輩出を狙ったもので，12 の中間支援組織によって運営された。そのうち高橋氏は，特定非営利活動法人石巻復興支援ネットワーク（通称やっぺす）が運営する「やっぺす！起業支援ファンド」に応募し，2012 年 5 月に採択となった。これにより，同ネットワークの支援を受けながら事業化を進めることになった。なお，起業支援をうけて設立したのは「宮城ダイビングサービスハイブリッジ」であるが，そのビジネスモデルの構築にあたっては，非営利事業である「一般社団法人石巻海さくら」の活動が重要な役割を果たしていた。

3．非営利事業としての「石巻海さくら」による　　復興ボランティア活動

　石巻海さくらの活動は，主に，1）海岸での清掃活動「umihama そうじ」，2）海中でのガレキ撤去活動の 2 つに大別される。なお，上述の通り，活動の原点には，行方不明者の捜索があり，2012 年 11 月の石巻海さくら結成後は一度，行方不明者捜索も石巻海さくらの活動に含められた。ただし，その後，行方不明者捜索の活動は，石巻海さくらの活動とは分離し，以前と同様に「宮城行方不明者捜索チーム」として現在も活動が継続されている。

（1）海岸清掃活動「umihama そうじ」
　石巻海さくらは，「umihama そうじ」と称する海岸での清掃活動を実施している。2012 年 11 月に第 1 回目の活動が開始され，毎月 1 回のペースで実施されてきた。2018 年 10 月までに計 69 回実施している。
　図表 6 - 2 は，石巻海さくらが海岸清掃に取り組んだ浜の位置図である。石巻・女川の沿岸部はリアス式の入り組んだ地形となっている場所が多く，浜単

図表6－2　海岸清掃活動を展開した浜の位置図

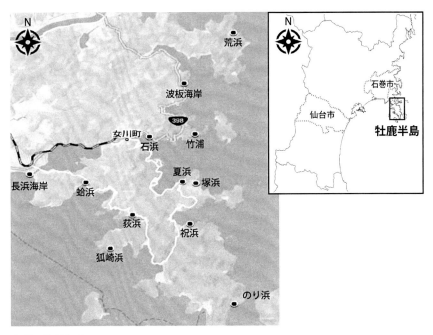

出所：筆者作成。

位でのコミュニティが形成されている。「umihamaそうじ」は，第1回目の竹
浦（女川町）を皮切りに，複数の浜と連携しながら，活動が展開されていった。
最も回数が多いのが狐崎浜（石巻市牡鹿地区）の20回であり，次いで長浜海岸
（石巻市，長浜海水浴場）の10回，蛤浜（石巻市牡鹿地区）の7回，波板海岸（石
巻市雄勝地区）の6回，竹浦の5回と続く。その他にも，祝浜（石巻市牡鹿地区）
4回，荻浜（石巻市牡鹿地区）3回，のり浜（石巻市牡鹿地区）3回，荒浜（石巻市
雄勝地区）2回，石浜（女川町）2回，夏浜（石巻市牡鹿地区）1回，塚浜（石巻市
牡鹿地区）1回と，計12カ所の浜と連携しながら活動を展開してきた。

　この間，台風の接近による悪天候や他地域での災害支援により中止にした
ケースはあったものの，月1回のペースで，継続して活動が展開されており，

50 回目までに回収したゴミの量は 453.137 ℓ となり，参加ボランティアの数は延べ 1,944 人となっている。回収したゴミの種類および割合の上位 5 つをみると，多いものから，燃えるゴミ（25％）・古タイヤ（18％）・ノリ養殖用木材（12％）・漁具ロープ類（12％）・漁具プラスチックカゴ類（12％）となっている。回収されるガレキ類の種類は浜によって異なるが，震災によって流された家屋の一部や家電製品，金属類が多く回収された浜もある。

　海岸清掃の参加者は，主に宮城県内からの参加者が中心であるが首都圏からの参加もみられる。また，企業との連携による活動もみられており，企業は自社の CSR として活動を支援し，社員を派遣するほか，あるいは個人としてボランティア休暇の活用を推奨するなど，企業活動の一環として参画している。活動情報やボランティアの募集告知は，主にホームページや SNS によってなされているものの，口コミによる PR 効果が実際には大きい。高橋氏によれば，回を重ねるうちに，次第にボランティアに参加するというよりは，「会いに来る」といった感覚で参加者が活動を継続する傾向がみられるとのことである。これは，桜井（2005）で指摘されている参加者の年代によっては理念的に強く結びつくよりも，ゆるやかなつながりで活動を継続しているという指摘とも合致する。

（2）海中でのガレキ撤去活動

　石巻海さくらの活動は，震災直後における行方不明者捜索から始まっていることは先に述べたとおりであるが，並行して，海中ガレキの撤去作業を実施してきた。海中ガレキの撤去が開始されたのは震災後 2 カ月後からであり，その活動は石巻海さくらの事業に含められていった。海中ガレキの存在は，復興活動においても，見逃されていた課題である。

　陸上のガレキ撤去は，各自治体が競うように着手し，復興の速度を図る 1 つの尺度となっていた。一方で，海中にあるガレキの問題は関心が低いというよりも，ごく一部の人の視野にしか入っていなかった。それは，海中での活動が困難を極めることや復旧復興過程において可視化が難しいという実情もあったためである。

　震災後，復旧復興が進められ，漁業が再開されていく中，漁の妨げとなる海中ガレキの撤去の相談が高橋氏に寄せられるようになってきた。写真1は，ガレキ撤去活動時の様子である。漁業者が漁船を運行し，高橋氏らダイバーが海中ガレキを見つけ出す。それらを漁業者が船上に引き上げるといった連携によって成り立っている。後述するが，ここでの漁業者との関係性の構築が，もう1つの事業であるダイビングサービスに重要な影響を与える。

　次第にこの活動は広まり，複数の地域から海中ガレキ撤去依頼の声がかかるようになっていった。活動は，あくまで石巻市と女川町を対象に実施している

写真1　ガレキ撤去活動時の様子

出所：石巻市荻浜，2013年撮影，撮影者平井慶祐氏。

写真2　海中での遺留品捜索の様子

出所：女川町竹浦，2013年撮影，撮影者戸村裕行氏。

94

が，時に活動は圏域を超え，宮城県東松島市，同県七ヶ浜町や岩手県大船渡市，同県宮古市，釜石市での活動も行っており，2019 年 1 月には福島県南相馬市で調査活動を依頼されることもあった。こうした活動の中で多くの拾得物があった。写真 2 は，海中での遺留品捜索の様子である。写真など，ごく一部ではあるが，持ち主が特定できたものは，返却している。石巻海さくらのメンバーは，一見もう使えなさそうなものでも，持ち主にとっては，「大切なもの」であることを強調する。海中ガレキ撤去は漁業を再開する上で役立つとともに，ときに被災者の精神的な復興においても重要な活動であった。

（3）石巻海さくらの事業展開

　石巻海さくらの活動内容について，1）収益を示したグラフより，活動のための資金をどのように捻出してきたかについて，また，2）支出のグラフより，事業費の内訳について説明する。なお，石巻海さくらは，2015 年 9 月に一般社団法人として法人化を行っており，その際，一般社団法人における非営利型を選択している。加えて，石巻海さくらは活動当初より活動報告書を作成しており，それらに示された情報を基にグラフを作成している。

　まず，図表 6 - 3 より，活動に必要な資金は，主に助成金と寄付金によって賄われてきたことが示されている。助成金は，企業や団体などの支援団体が実施する制度に応募し採択されたものである。株式会社ラッシュジャパンによるチャリティバンク，一般財団法人セブン・イレブン記念財団による環境市民活動助成，yahoo! 基金助成プログラム，独立行政法人環境再生保全機構の地球環境基金に採択されている。毎年，同規模の収益が見込めるものではなく，助成金については，2014 年度と 2017 年度に多く受け取っている。また，寄付金は，主にホームページを活用して募集し，活動への共感を得て，支援を受けている。

　総体的に見れば，震災復興に関するボランティア活動を展開する団体の活動は，収益性を見込むことが困難であり，助成金によって成り立つ運営モデルとせざるをえない。しかし，石巻海さくらの事例からも運営を行う上での助成金

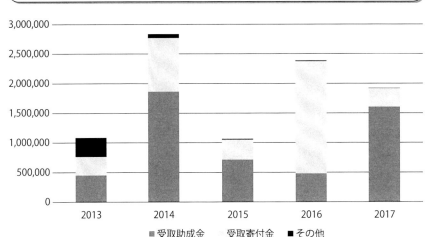

図表6－3　石巻海さくらにおける収益の推移（2013年から2017年）

出所：石巻海さくら各年度活動報告書をもとに作成。

　の額は上下動があることがわかる。さらに，復興に関する助成金は，時間の経
過とともに減少することから，継続的に活動を行うためには，助成金以外の収
益源を見出すか，あるいは活動を終了するという選択を迫られている。

　したがって，こうした助成制度を活用し，いかに以後の事業展開につなげる
ことができるかが，ボランティア活動における継続性を確保する上で，1つの
ポイントとなる。

　石巻海さくらでは企業からの助成金を受けながら活動していた時期に，新規
事業をいくつか見出していた。これにより団体が持続した活動基盤を確保する
といったものではないが，企業研修の受入れなど，ボランティア活動の延長線
上での事業展開がみられていた。2013年には，小学校のサマーキャンプの受
入れを行い，シュノーケリング教室を開催している。また，法人化後の2016
年になると，企業研修の受入れが本格的に開始され，研修では，海岸清掃活動
に加えて，地元漁業者による漁師の語り部や海鮮バーベキューなど，独自のプ
ログラムを構築し提供している。

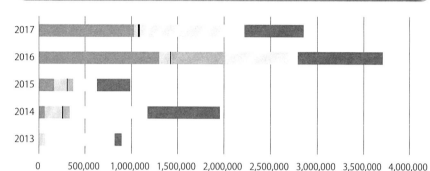

図表6－4　石巻海さくらにおける支出の状況（2013年から2017年）

■人件費　旅費交通費　■通信運搬費　■備品費　　業務委託費　　消耗品費　■その他

出所：石巻海さくら各年度活動報告書をもとに作成。

　次に，支出である事業費について図表6－4より確認する。活動当初となる2013年，2014年は，備品などを揃えなければならず，消耗品の割合が高い。このように，海中での活動に使用する機材など，ガレキ撤去の活動にかかる費用は大きいことがわかる。2015年になると，活動の幅も広がる中，人件費の占める割合が大きくなっている。

　2016年になると，法人化を行った関係から，拠点となる事務所の開設があり，スタッフの雇用を行ったことにより人件費が増加している。同時に，業務委託費の増加もみられるが，業務委託費の大部分は海中より引き揚げたガレキの処分費用であり，産業廃棄物の指定取扱い業者への委託費用である。

4．営利事業としての「宮城ダイビングサービスハイブリッジ」の経営

　「宮城ダイビングサービスハイブリッジ」は，現在，女川復興商店街「シーパルピア女川」の一角に店舗を構え，女川・石巻の海を豊富な地域資源と捉え，ダイビングサービス事業を展開している。東北の海をフィールドに展開するダ

イビングサービス事業は稀であり，中でも，漁業者と連携した独自のプログラムは特徴的なものとなっている。ただし，これは簡単に構築することができない事業モデルであり，いうなれば宮城ダイビングサービスハイブリッジの事業におけるコアコンピタンスでもある。以下では，このモデルが構築されてきた経緯について述べる。

　海での営利事業の展開は，地域の漁業者の理解と協力なしには成しえないものである。海面（公有水面）の利用は，漁業法で厳しく規定されている。戦後，1951（昭和26）年に漁業法の改正があり，農地改革同様，これまでの漁業権が廃止とされ，新たに漁業権が割り当てられたことにより，漁業者は平等に海面の利用ができるようになった。漁業権は漁業協同組合（漁協）に割り当てられており，漁業者は所属する漁協の範疇で漁を行うことができる。漁業権には，大きく定置・区画・共同の3つがある。リアス式の入り組んだ浜では，養殖漁業が盛んに行われており，これらは区画漁業権とされる。特に，ノリや牡蠣の養殖は特定区画漁業権とされ，入漁権の設定が可能とされているが，そこでダイビングサービスを展開するということは容易ではない。高橋氏は，ボランティア事業によって培われた漁業者との良好な関係性を元に，漁業者との協働事業の展開を試みているのである。

（1）ダイビングサービス事業の取り組み経緯と地域資源の活用

　起業を決意し，2016年6月，屋号を「宮城ダイビングサービスハイブリッジ」とし，事業を開始した。震災初期におけるボランティア活動で感じた，地元のダイバーが少なく復興活動が継続しないのではないか，という気づきから，地元のダイバーを育てるということを事業の目的とし，事業モデルの構築を進めていった。

　ただし，事業化する上では，ダイバーの育成だけではなく，広くダイビングサービス事業を展開する必要があった。しかし，東北地方でのダイビングショップの経営は，気候の問題から非常に難しいとされており，高橋氏は，気候にハンデのある東北でのダイビング事業の展開に際し，まず海中の地域資源の調

図表6－5　宮城県石巻・女川近海における海中地域資源表（2014年作成）

月	4	5	6	7	8	9	10	11	12	1	2	3

生き物

定置網ダイビング 📷

ダンゴウオ抱卵 📷　リュウグウハゼ産卵 📷　　　　アイナメ産卵 📷　　　　　ホヤの産卵 📷　　クチバシカジカ抱卵 📷

オコゼカジカ産卵　　　　　　　白鮭遡上 📷　　フサギンポ抱卵 📷

旬な食べ物

ウニ　ホヤ　　　　　　サンマ　　　　ホタテ　　　　牡蠣　ワカメ

水温目安

8℃　10℃　14℃　22℃　23℃　24℃　19℃　15℃　12℃　10℃　8℃　7℃

スーツ

ドライスーツ　　　　　ウェットスーツ　　　　　ドライスーツ

出所：宮城ダイビングサービスハイブリッジホームページより引用。

査を実施している。その際に作成した地域資源表が，図表6－5である。

　東北でのダイビング事業を軌道に乗せるには，東北の海ならではの価値を見出す必要がある。そこで，まずは観光資源となりうる海中の「生き物」の調査を行っている。図中の生き物の部分を見ると，一年中観察可能なダンゴウオのほか，北海道から宮城県付近の海域でしか見ることのできないオコゼカジカや三陸沿岸部にしか生息しないクチバシカジカの産卵期が掲載されている。なお，図中にあるカメラマークは，写真撮影ができることを示しており，観光分野では重視されているコト消費である体験型のメニューが組み込まれている。ダイビング自体が十分にコト体験ではあるが，さらに海中での写真撮影というコト体験を組み合わせることにより，若者を惹きつけるメニューとなるだけでなく，SNSによる投稿および情報の拡散を期待している。また，当初からダイビングと食を関連付けることを意識し，表中に旬の海産物を記載している。ダイビングが盛んな地域の熱帯魚と違い，東北でのダイビングでは，遭遇する

ほぼすべての魚を食べることができることに目をつけたのである。

　さらに，図中にある定置網ダイビングは本事業における最大の特徴であると
いえる。これは文字通り定置網を下から観察するダイビングである。生活のた
めに時には命をかけて漁業者が漁に従事することを踏まえれば，大事な漁場を
ダイビング参加者に公開するといったことは従来考えられなかったことであ
る。これを成しえたのは，漁師，地域との良好な関係性であり，この関係性，
および定置網ダイビングのアイデアは復興ボランティアの過程で生まれたもの
である。

　ボランティアでのガレキ撤去活動を展開しながら，親しくなった漁業者との
会話の中で「子どもたちに海遊びをさせたい」という要望があった。そこから
前述のシュノーケル教室が始まり，定置網付近を潜ってみたのである。これが
好評であったため，定置網ダイビングのプログラムへの採用を検討することに
なった。最初に，定置網ダイビングが実現したのは狐崎浜であった。2013 年 5
月に，漁協に所属する浜の漁業者らの了解を得て，活動の開始が決定したので
あるが，その前段として，漁業者らを前に，高橋氏は事業説明を行っている。
どの浜にとっても，漁場でダイビングを行うということは前代未聞のことであ
り，理解者の助けもあって，了解を得ることができたものの，容易なことでは
なかった。なお，ダイビングの実施にあたっては，浜を管轄する漁業の支部と，
高橋氏らによって結成されたダイビング協議会の間で協定書を取り交わしてい
る。協定書の中で，ダイビングのエリアや潜水時間，安全対策等の詳細や費用
が取り決められている。事業実施では，漁業者との連携は不可欠であり，ダイ
ビングスポットまでの移動には，漁業者による漁船での移動が提供されてお
り，連携したビジネスモデルが構築された。

　こうした活動を広げていく中で，ダイビングサービスの拠点となる浜は，
徐々に広がっていった。2012 年 8 月に竹浦で活動を開始し，以後，2013 年に
狐崎浜，2018 年より鮫浦湾での活動が可能となっている。また，ダイビング
スポットの 1 つである竹浦には，2019 年 4 月に竹浦地域交流センター「竹浦
マリンビレッジ」が設置された。これは訪れるダイバーと地元住民との交流を

目的として，女川町によって設置されたものである。

（2）ダイビングサービス事業の展開とアンケートに見る参加者の傾向

　そもそもここでいうダイビングとは，スキューバダイビングのことを指しており，スキューバとは，Self-Contained Underwater Breathing Apparatus の頭文字をとって SCUBA と呼称されている。これを直訳すれば，自給式水中呼吸装置となり，つまりダイビングで重要になるのは，器材の取り扱い方であり，取り扱い方をマスターすれば老若男女を問わず楽しめるレジャーといえる。

　スキューバダイビングはライセンスによって潜ることができる深度や活動に決まりがあり，「宮城ダイビングサービスハイブリッジ」の提供するダイビングサービスのメニューは，大きくファンダイビングとライセンス講習の2つに大別される。ファンダイビングには，ファンダイブと体験ダイビングのほか，2年以上ブランクのある対象者向けのリフレッシュダイビングのコースが用意されている。

　ダイビングのライセンスには，指導団体による違いがあり，PADI（Professional Association of Diving Instructors）や SSI（SCUBA SCHOOLS INTERNATIONAL），NAUI（National Association of Underwater Instructors），といった指導団体によって提供される。「宮城ダイビングサービスハイブリッジ」では，PADI のライセンスを発行している。これを取得するのが，講習コースであり，難易度に応じていくつかのメニューを用意している。

　ライセンスを保有していない，または未経験者は体験ダイビング以外にダイビングをすることができない。また，ライセンスを取得すれば，ガイド付きという条件のもとでファンダイビングを楽しむことができる。そのため，東北地方を中心にライセンス取得の需要も生まれている。

　「宮城ダイビングサービスハイブリッジ」の拠点は当初，石巻市渡波地区にある一戸建て住宅の一部であったが，2015 年 12 月より，女川町に整備された復興商店街の一角に拠点を設けることになった。女川町の復興まちづくりに際し，女川町の駅前に復興商店街が形成されたときに，地元関係者からの誘いを

受けて，入居することにした。ここを拠点に，ダイビングサービス事業が本格
化していくことになった。

　図表 6 - 6 は，2013 年から 2016 年の参加者数順に上位 10 都道府県をまと
めたものである。ここから最も多いのは，宮城県からの参加であり，次いで東
京都，神奈川県と関東からの参加が多いことがわかる。

　図表 6 - 7 は，参加者を年代と性別で分けたグラフである。最も多いのは
30 代である。30 代では，女性の参加者が多くなっているのがわかる。性別で
分けた場合には，10 代，30 代は女性がわずかに多いが，総じて男性の参加が
多くなっている。

　図表 6 - 8 は，2013 年から 2016 年における参加目的を集計したものである。
最も多いのは，ファンダイビングであり，次いで講習，体験と続いていく。な
お，講習のうち，レスキュー資格に関するものは別に集計を行っている（有効

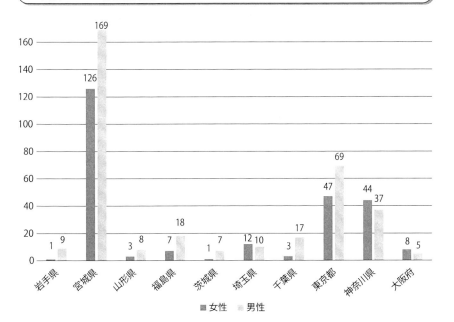

図表 6 - 6　都道府県別にみるダイビングサービスへの参加者数（上位 10 県）

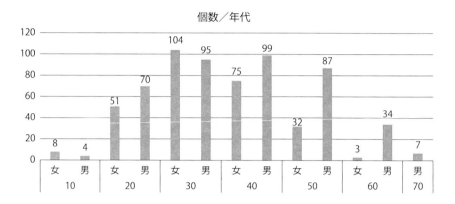

図表6－7　年代，男女別にみる参加者の割合

個数／年代

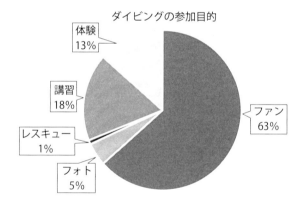

図表6－8　提供するダイビングサービスの種類と参加目的

ダイビングの参加目的

回答数：707）。

　図表6－9に参加者の居住地別一覧を示した。ここから地方別にみると，東北に次いで関東からの参加者が多いことがわかる。また，性別と年代を地方別に集計すると，参加者数が最も多い東北では，女性は，最も多い30代が20代の1.6倍程度と特徴的である。一方で，男性は20代，30代，40代がほとんど同程度の人数であった。また，関東では，女性は40代が最も多く，男性は40代，

図表6-9　参加者の居住地別一覧

性別	女　性						女性集計	男　性							男性集計	総計
年代	10	20	30	40	50	60		10	20	30	40	50	60	70		
01. 北海道		2					2			1	1				2	4
02. 東北	3	38	61	28	6		136	1	50	53	48	33	21	3	209	345
03. 関東	3	5	30	38	27	3	106	1	14	31	43	40	10	3	142	248
04. 中部			3	1			4		1	1	1	2	2		7	11
05. 北陸			2				2			1	2	1	1		5	7
06. 近畿	1	1	4	3	1		10	1		3		4		1	9	19
07. 中国・四国						1	1		1						1	2
08. 九州		1			1		2			2	1	1			5	7
09. 沖縄			2				2			1					1	3
10. 海外			1				1			1					1	2
総計	7	47	103	71	35	3	266	3	67	91	97	82	35	3	382	648

50代が最も多くなっており，その数に差は見られていない（有効回答数：648）。

　図表6-10は，参加者の目的を地方別に集計したものである。目的が明記されていないものを外しており，有効回答数は648である。最も多い参加目的は，ファンダイビングである。ファンダイビングとは，ライセンス取得者が複数人で安全管理を行いながら，潜ることを指し，ライセンスの種類によって潜る深度が規定されている。

（3）参加者アンケートの結果の小括

　2015年から2017年のダイビングサービス事業について，特に参加者について分析を行った。まず，ダイビング参加者としては7月～9月にかけて最も多く，冬場は少ないことが示された。ダイビングの参加者は，宮城を中心とした東北地方の参加者が53％と最も多く，次いで東京，神奈川を中心とした関東の参加者も38％と高い割合であることが整理された。また，参加者の目的の内訳を見ると，参加者全体のファンダイビング（ライセンスを持つダイバーのコー

図表 6 − 10　参加者の目的別一覧

性別	女性						男性							総計
年代	10	20	30	40	50	60	10	20	30	40	50	60	70	
01. 北海道														
ファン		1								1	1			3
講習		1												1
02. 東北														
ファン	1	13	27	20	1			15	23	34	16	12	3	165
フォト			1	1	1				2	1	2	1		9
レスキュー								1			1			2
講習	1	17	16	2	3		1	18	24	5	10	5		102
取材・視察											1			1
体験	1	8	17	5	1			16	4	8	3	3		66
03. 関東														
ファン	2	2	23	30	25	3		11	23	35	34	8	3	200
フォト			3	5	1			1	2	6	2			20
レスキュー									2		2			4
講習			2	2					1		2	1		8
視察・取材			1											1
体験	1	3	1	1	1			2	3	2		1		15
04. 中部														
ファン			2					1	1	1	1	2		8
フォト				1										1
体験			1								1			2
05. 北陸														
ファン			2						1	2	1	1		7
06. 近畿														
ファン	1	1	3	3	1		1		3		4		1	18
フォト			1											1
07. 中国・四国														
講習				1				1						2
08. 九州														
ファン		1						1				1		3
講習				1						2	1			4
09. 沖縄														
ファン			2						1					3
10. 海外														
ファン									1					1
講習			1											1
総計	7	47	103	71	35	3	3	67	91	97	82	35	7	648

ス）が63％と最も高くなっており，次いで講習が18％，体験が13％となっている。さらに，地方別にみると，東北からのファンダイビングへの参加者が47％に対して，関東地方からのファンダイビングへの参加者が80％を超えている。一方で講習への参加者は，東北地方が29.5％に対して，関東地方が3％にとどまっている。

　この要因について，ヒアリングでは，東日本大震災に対するボランティア活動をきっかけとして，高橋氏を何度も訪ねる参加者が多いことや，他地方でライセンスを取得し，有名なダイビングスポットを回ってきたダイバーが新たに東北の海でのダイビングの機会を求めて，参加していることが挙げられた。

5．おわりに

　本章では，「石巻海さくら」と「宮城ダイビングサービスハイブリッジ」における事業内容を検証することにより，復興ボランティア活動が長期的に展開されてきた要因を明らかにすることができた。

　江の島で活動する海さくらのノウハウを用い，「石巻海さくら」の活動を展開することで，海中のガレキ拾いや海岸清掃といった課題に対し，活動への共感を育み，コミュニティを形成しながら取り組むことが可能となっている。一方で，持続性については，収益事業として「宮城ダイビングサービスハイブリッジ」を創業し，ダイビングショップの経営を軌道に乗せると同時に，それぞれの相互作用によるボランティア活動と経営の好循環を生み出している。世界でも有数の漁場である三陸の海における養殖棚でのダイビングは，他でも類を見ない独自の事例であり，この実現には，地道なボランティア活動による豊かな信頼関係の構築が不可欠であった。

　また，ダイビングサービス事業の参加者アンケートからは，東北からの参加者に加えて，首都圏からの参加者が多いことが判明しており，これは今後の復興活動においても示唆を得るものであった。地域の発展を考えるとき，新しい産業の創出という視点が付与されていくが，その1つとして，交流人口を増や

していくような観光のスタイルがダイビング事業から生まれていくことも想定された。「宮城ダイビングサービスハイブリッジ」が店舗を構える女川町では，地域交流センター「竹浦マリンビレッジ」が整備された。地域交流の拠点施設ではあるが，屋外にはダイバーも使えるシャワー等の施設が整備されるなど，観光資源としての海に着目した観光施策が進められており，「宮城ダイビングサービスハイブリッジ」もその一翼を担うことが期待されている。

　本章の執筆にあたり，宮城ダイビングサービスハイブリッジおよび石巻海さくらの代表高橋正祥氏はじめ，関係者の皆様には，資料提供をはじめ，多大なるご協力をいただいている。ここに記して感謝申し上げたい。引き続き，石巻海さくらの監事として，活動に尽力する所存である。

参考文献

桜井政成（2005）「ライフサイクルからみたボランティア活動継続要因の差異」『ノンプロフィット・レビュー』5(2)，日本 NPO 学会，pp.103-113.

坂本治也（2013）「東日本大震災におけるボランティア活動の規定要因」『阪大法学』63 号(3-4)，大阪大学，pp.457-480.

全国社会福祉協議会（2010）『全国ボランティア活動実態調査』，pp.86-87.

特定非営利活動法人 ETIC. 編（2014）『ニューオリンズはなぜ「起業家のまち」と呼ばれるようになったのか？』特定非営利活動法人 ETIC.，pp.1-8.

第7章

コミュニティの再生と持続可能なまちを目指して
―一般社団法人ウィーアーワン北上の事例―

1．はじめに

（1）石巻市北上地区について

　石巻市北上地区（旧北上町）は，石巻市の北部に位置し，北側は南三陸町および登米市と接している。南東側は太平洋に面しており，地区内には北上川を有している。北上川は，岩手県中央部を北から南まで流れ，地区が面している

図表7－1　宮城県・石巻市における北上町の位置関係

出所：筆者作成。

追波湾に注ぐ一級河川である。旧北上町は 1955 年に橋浦村と十三浜村が合併してできた町であり，2005 年には石巻市，雄勝町，河北町，河南町，桃生町，牡鹿町と合併し，石巻市となった。

　主要な産業は，内陸部は農業，沿岸部は漁業であるが，地区の西側は石巻市内中心部まで車で 30 分程度ということもあり，会社勤めも多い。

　北上地区における東日本大震災の被害は甚大であり，地区内での死者・行方不明者数は 268 名（石巻市，2017）にのぼる。また家屋被害については全壊が 633 棟，半壊及び一部損壊が 463 棟であり（石巻市復興まちづくり情報交流館，2014），地区内の 87.6％の家屋が震災による被害を受けた。避難所は最大 15 カ所設置され，2011 年 6 月からは北上地区内に建設された仮設住宅団地 3 カ所（にっこり仮設団地・相川運動公園仮設団地・大指仮設団地）へ順次入居が進んだ。

（2）震災による人口減少と背景にある住宅再建

　次に震災の影響を大字単位での人口推移から確認する。図表 7 − 2 は国勢調査を元に作成したものであるが，特に被害が甚大であった十三浜地区の 2015 年の人口は対 2010 年比で 50.4％とほぼ半数に，北上地区全体では 65.4％と 3 分の 2 以下まで人口が減少していることが見て取れる。震災前から人口減少は進行していたが，他の沿岸部と同様，震災を契機に急激な加速を見せることとなった。

図表 7 − 2　北上地区内大字単位での人口推移

（地区）	大字	1995 年	2000 年	2005 年	2010 年	2015 年	対 2010 年比
（十三浜地区）	十三浜	2,713	2,542	2,228	2,036	1,026	50.4％
（橋浦地区）	女　川	858	799	744	688	556	80.8％
	長　尾	322	307	268	254	221	87.0％
	橋　浦	872	824	788	740	627	84.7％
総数		4,765	4,472	4,028	3,718	2,430	65.4％

出所：総務省統計局・国勢調査より筆者作成。

　このような復興過程での急激な人口減少の背景にある住宅再建のパターンについても触れたい。ここで強調したいのは，被災者による住宅再建の手法や居住地の選択は，人口減少およびコミュニティを取り巻く問題群と密接に関連している点である。

　住宅再建の段階については，学校や公民館等の避難所における「緊急避難期」，応急仮設住宅・民間賃貸住宅を中心としたみなし仮設住宅への入居による「仮設居住期」，その後の「恒久居住期」の 3 つに分けられる（室崎，2011）。そして，住宅再建の過程において被災地全体で課題となってきたのは，フェーズの移行の都度，コミュニティの再編を経験してきたということである。一方，北上地区など沿岸部の地域においては，1）他出による人口の減少と，2）地域に残った住民のコミュニティの再生・構築という課題に直面してきた。図表 7 - 3 を用いて以下に説明を加える。

　図表 7 - 3 は田中（2018）を参考に地縁コミュニティに着目し，それぞれのフェーズでの 1）住民構成の変化（縦軸），2）（空間的な）場所の変化（横軸）を整理したものである。まず，フェーズの変化とともにあったコミュニティの再編について述べる。「緊急避難期」，「仮設居住期」，「恒久居住期」の各々において，住民構成・場所ともに変化が少ない左下の象限を住宅再建の既定路線と想定しつつも，津波による被災地域は広範囲にわたって甚大な被害があり，また，そのような地域の多くはのちに災害危険区域に指定され新たな住宅の建築が制限された。つまり従前地は，一時避難はおろか「恒久居住期」でも住宅再建が叶わない地域となり，多少なりとも居住場所の変化を受け入れざるを得ない状況が多くあったといえる。「恒久居住期」において近接地での再建を希望する場合は，地区・集落単位での合意形成を踏まえて丘陵地を切り開き宅地造成する防災集団移転事業に参画するか，近くに災害公営住宅が建設されればそこへ入居するという選択肢があった。

　しかし，住民の状況へと目を向けると，生活の利便性確保の必要性，子どもの通学の送迎や親族との同居・世帯分離による家庭環境の変化，家計の経済状況の変化等，被災者個別のさまざまな事情によって，それぞれのフェーズで居

図表 7 - 3　東日本大震災の住宅再建過程における住民構成と場所の変化

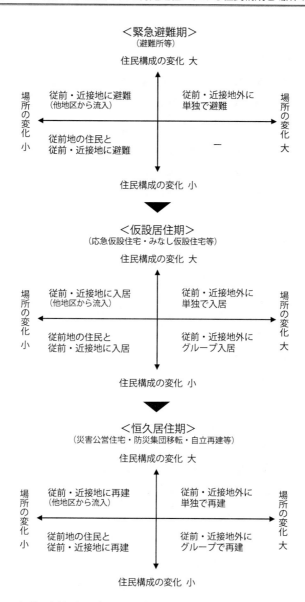

出所：室崎（2011），田中（2018）を参考に筆者作成。

住方法・居住地の選択がなされた。そして「恒久居住期」においては，市町内の他地区の集団移転に参加する，がけ地近接等危険住宅移転事業[1]により転出する，早期の住宅再建を望み防災集団移転でも災害公営住宅でもなく単独で自立再建するといった，地区外で再建を果たす多種多様な選択肢をも含んでいた。そして実際には「仮設居住期」の長期化も相まって，複合的な要因によりそれぞれの段階で地域外への移転を決断した世帯が少なくなかったことが予想できる。図表7－3中の「仮設居住期」・「恒久居住期」において右の象限のいずれかを選択する動きである。このことにより被災地では人口減少が加速したといえよう。

　上記の状況から，他出した住民は移転先でのコミュニティへの参画やつながりづくりが課題となり，地域に残る住民は構成員の減少したコミュニティの維持や災害公営住宅での新たなコミュニティづくりが課題となった。まとめると，図表7－3に示すように，「緊急避難期 → 仮設居住期 → 恒久居住期」といった住宅再建フェーズが内包する，従前・近接地外への移転も含めた複線的な住宅再建パターンが東日本大震災の特徴として捉えられる。ちなみに塩崎は制度と住宅形態に着目し，阪神・淡路大震災で取られた主な手段（避難所－仮設住宅－災害公営住宅）を「単線型住宅復興」（塩崎，2009）と表現した上で，東日本大震災での住宅再建について，支援メニューの多様性と混乱を指して「混線型住宅復興」（塩崎，2014）と名付けており，東日本大震災では制度面，地域住民の選択肢のいずれも，これまでの災害における住宅再建とは異なった様相を呈している。

2．ウィーアーワン北上の活動について

（1）ウィーアーワン北上の成り立ち

　さて，本章で取り上げる石巻市北上地区へと話を戻す。震災後，時間の経過に伴い，前述した人口流出とそれに伴うコミュニティの問題が北上地区でも徐々に顕在化していった。これらへの課題感を契機に事業を始めたのがWE

ARE ONE 北上（のちの一般社団法人ウィーアーワン北上，以下では法人名に倣って「ウィーアーワン北上」と表記する）・代表の佐藤尚美氏である。佐藤氏は北上地区出身の夫との結婚を機に 1997 年に当該地区に移住した。震災以前も，地区のまちづくりを検討する「北上地域まちづくり委員会」の委員を務めてはいたが，会合に顔を出す程度の関わりであり，特に熱心に地域活動に参加していた訳ではなかった。

　震災では，救助活動にあたっていた消防団員の夫が行方不明となったことから，佐藤氏は子どもとともに 30 分ほど離れた石巻市内にある実家に身を寄せていた。しかし，子どもは北上地区にある学校に継続して通ったため，送迎の必要性から当時勤めていたパートタイムの仕事を続けることに難しさを感じていた。その一方で，震災の経験から，「人間いつ死ぬかわからない，自分が本当にやりたいことをやろう」と思うようになったという。

　震災前は総合支所など，自由に過ごせ井戸端会議ができる場が地域にいくつかあったが，それらが震災で失われてしまったことや，震災後は佐藤氏自身も地域外へ出てしまったことから人びとが集える空間や母親のコミュニティを取り戻したいと考えていた。また，地域には食料品を買える場がなく，仮設住宅に入居している車を持たない高齢者が買い物に苦労していること，商圏とする地域の状況が劇的に変化してしまい地域の商店が再開のめどを立てられないこともあり，母親同士の雑談から物販を行う市場の構想が生まれた。加えて，手狭な仮設住宅では子どもが勉強場所を確保することが難しく，子どもが落ち着いて勉強できる場の必要性も切に感じていた。

（2）「ウィーアーワンマーケット」の開設

　事業の実現には多くの協力を得た。構想した事業プランを周囲に伝えていく過程で，地元の建設会社から土地を無償で提供してもらえることとなった。それは北上地区最大の仮設住宅団地の近くであり，前述の買い物困難者の課題に対応するには絶好の立地であった。また，建物は海外の建築系の支援団体から寄贈を受け，2012 年 6 月に一時仮設で開始した市場は，2013 年 1 月には子ど

図表7-4　ウィーアーワンマーケット外観

出所：筆者撮影。

もの勉強スペースを併設する形で，本設店舗「ウィーアーワンマーケット」（以下，「マーケット」とする）の営業を開始した。周囲の母親に声を掛け，佐藤氏を含めスタッフ3名でのスタートとなった。

　マーケットでは日用品・食料品を販売し，多くの仮設住宅の住民が利用した。散歩がてらマーケットに足を運ぶ高齢者も多かったという。開業から1年ほどが経った頃には弁当の製造販売を行うようになった。当初は他社で製造した弁当を仕入れて販売していたが，マーケットで取り扱う農産物が売れ残って食品ロスとなることへの配慮から内製化した。弁当は復興工事の関係者らが主に購入し，のちには社会福祉協議会の生きがいデイサービスの昼食も受注するようになった。生きがいデイサービスは当初は午前中のみであったが，マーケットから弁当を提供することで午後も開催することができるようになった。また，弁当の販売によってマーケット全体の収益も改善されたという。

　事業形態は開始当初から佐藤氏の個人事業という形式が取られた。設立時の資本金は見舞金などを元手に，佐藤氏が個人で出資した。

（3）海水浴場の再開とウィーアーワン北上の取り組み

　あわせて佐藤氏が震災前に住んでいた白浜集落での取り組みとして，海水浴場再開に向けた動きがある。白浜集落は震災前には海水浴客で賑わいを見せて

いたが，震災後2年間は他の被災地の海水浴場同様，安全確保の面から遊泳禁止となっていた。しかし，2013年夏には2日間限定で海開きをすることが決定し，防潮堤建設を見据えて海水浴場運営のトライアルという意味合いもあり，ウィーアーワン北上が海開き企画の後方支援に取り組むこととなった。

白浜海水浴場は震災以前には多くの集客があったため，北上地区の象徴的な場所であり，当該地区住民にとっては地域の復興を左右する重大な関心事の1つであった（手島，2019）。佐藤氏は海水浴場の再開を，地域から出ていってしまった人たちが再度集まれる機会にしたいと考えており，志を同じくする同世代の住民約30名とともに，白浜海水浴場再開実行協議会を2013年7月に立ち上げ，地域住民だけでなく多様な支援を巻き込んでイベントを企画・運営した。その支援の1つに本田技研工業が実施する「Hondaビーチクリーン活動」がある。CSR活動の一環として同社が機材を貸与して砂浜清掃を実施する取り組みで，海水浴場のオープン前の開催日当日は企業ボランティア・地域住民含め200名以上が集まるなど協力者の輪を徐々に広げていった（2014年6月28日に実施）。

2013年から2017年は防潮堤の建設工事もあって海水浴場は2日間限定の再開であったが，2018年からは3週間となり，震災前と同等の開場期間となった。期間中は賑わいの回復に向けてさまざまな企画を実施してきた。海上運動会，スタンドアップパドル（SUP）体験，地引網体験，ビーチバレーボール大会などである。また，海水浴場の後背地には，地域住民にビール神社と呼ばれる鹿嶋神社がある。鹿嶋神社には，米が不作だった年に麦で作ったお神酒をお供えしたところ豊作となり，その後お米が豊作になった年にお米のお神酒をお供えしたところ，不漁不作のうえ悪い病気が流行したという言い伝えがあり（石巻市復興まちづくり情報交流館，2016），この神社にあやかり2018年にはビール祭りも開催している。北上地区内でホップを栽培している一般社団法人イシノマキファームが手がけるクラフトビール「巻風エール」をはじめ，県内の醸造元数社を集めビールを販売した。

関連して，2018年頃からは石巻市が整備する白浜ビーチパークの完成に向

図表 7 － 5　白浜ビーチパーク in 白浜海水浴場　夏祭り 2019 の様子

左：地引網体験，右：あら汁お振る舞い
出所：筆者撮影。

けて，地域住民と専門家の議論により建築・設備計画が具体化された。そして，ハード面の議論と並行して施設の利活用方法についても検討を重ねていった。2018 年 10 月には公共空間活用の専門家を講師に招き住民ワークショップを実施している。その場では白浜ビーチパークおよび海水浴場の活用方法についてアイデア出しがなされ，検討された各種の企画が 2019 年 4 月の白浜ビーチパークオープン以後，月例（毎月第 4 日曜日）イベント「白浜ビーチパークディ」として実現されている。具体的には，羽釜で炊いたご飯を北上地区の食材と食べる「白浜で朝ごはんの会」，パーク内でゆったり読書をする「ビーチパークライブラリー」，クラフトビール「巻風エール」や地元で採れる海産物の販売，2016 年に北上地区に完成した「川のビジターセンター」による各種アクティビティの提供等，多種多様なステークホルダーとの協働体制のもと，北上地区の地域資源を生かしたコンテンツを提供している。これらの企画により，「これまで北上地区とつながりのあった人たちだけでなく，新しい来訪者も徐々に獲得できている」と話す。

　また，白浜海水浴場再開協議会を母体に，他出者をも含めた 30 － 40 代の若手住民中心のネットワークが醸成されていった。2014 年夏からは，外部の専門家・中間支援団体のサポートを受けて，有志の若手住民によるワークショップを重ね，2015 年 3 月に「北上をおもしろくする提案書」を作り上げた。地

図表7−6　きたかみをおもしろくする提案書

出所：筆者撮影。

域資源の掘り起こしや発見といった地道な活動を積み上げつつ，今後の地域を担う若手住民が主体となり，未来志向の復興計画を作り上げた。そしてその過程で生まれた海上運動会などの企画を実現しながら，提案書を作ったメンバーで「きたかみインボルブ」というまちづくりグループが結成され（筆者注：インボルブは「巻き込む，熱中する」の意），ウィーアーワン北上はその事務局を担っている。有志の住民が主体となり，北上地区で行われるイベントの開催支援等を行っている。

（4）法人格の取得と体制整備

　ウィーアーワン北上にとって大きな転機となったのは，2017年2月の法人格の取得であった。これは宮城県が実施していた「みやぎ復興応援隊」事業受託に伴う動きであった。「みやぎ復興応援隊」は総務省が東日本大震災後に新設した「復興支援員」制度を活用して，宮城県が2012年12月から2016年度まで実施していた事業である（北上地区においては2017年4月から所管が石巻市に移行）。震災直後から当該地域の支援にあたっていた国際協力NPOのパルシックが2012年12月から復興応援隊事業の受託団体となった。北上地区内の人材のみならず，震災以降に移り住んできた支援者も含めて，常時3−5名の隊員が復興支援活動に従事してきた。佐藤氏自身もウィーアーワン北上の活動と並

行して，2012年12月から2017年3月まで復興応援隊隊員として活動してきた経緯がある。

活動内容は，住宅再建に係る住民ワークショップの支援や，北上地区内の復興情報の共有を目的とした「北上かわらばん」の発行，各種地域団体等が実施するイベントの支援である（中沢，2016）。なお，復興応援隊の事業年限は震災から10年が経過する，2020年度一杯とされている。

2017年には震災から6年が経過し，それまでの受託団体であったパルシックが北上地区から撤退することとなったが，地域の復興は道半ばであり，復興応援隊事業の継続の必要性から，ウィーアーワン北上へ引き継ぐこととなった。その際，事業受託の要件として法人格を有する必要性があり，ウィーアーワン北上は2017年2月に法人格（一般社団法人）を取得した。佐藤氏とともに復興活動に取り組んできた女性3名を理事に，佐藤氏の活動の相談役となっていた旅館の経営者を監事として法人運営に係る体制の整備がなされた。当時を振り返り佐藤氏は，「パルシックが撤退することになったタイミングでこれまで一緒に活動してきたメンバーが「まだ活動を続けたい」と言ってくれたのが心強かった。法人化のタイミングで自分もこの仕事を続けていく覚悟ができたように思う」と話す。さらに2017年頃からは復興応援隊の活動として，復興公営住宅や高台移転地での新たな自治会の設立支援などにも取り組んでいる。

（5）地域住民主体の活動へのサポート

2016年には震災後の地域の課題を把握するため，震災前から北上地区と関わりのある研究者チームのサポートを受けて，ウィーアーワン北上と前述のきたかみインボルブとが協働で「暮らしに関する世帯調査」を実施した。北上地区内の全世帯を対象にアンケート調査を行い，日用品の購入場所や地域への居住意向，地域への愛着などを調査項目として，結果を報告書にまとめた。なお，居住意向の調査結果については，研究者チームのメンバーによって庄司・西城戸（2017）に詳細がまとめられている。

2017年頃からは，上記の調査で捉えた地域の課題解決や人口減少への対応

について模索を始める。その契機の1つとなったのは，ウィーアーワン北上のスタッフと地域住民とで実施した，島根県雲南市への訪問であった（2016年10月）。島根県雲南市は，住民自治組織（島根県雲南市では「地域自主組織」と呼称している）自体の活動や庁内体制の整備，支援体制の充実等の総合的な観点から，国内では地域経営の先進地とされている。訪問では，地域自主組織の活動や，配置されて間もないコミュニティナースの取り組みの視察を行った。コミュニティナースとは，「地域の住民たちとの関係性を深めることで，健康的なまちづくりに貢献する医療人材」とされ，「見守り，巡回などさまざまな活動を通じて安心を提供することで地域に関わり，まちを健康にしてい」く役割を担う（矢田，2019；p.11）人材である。佐藤氏はコミュニティナースの活動を目にして，北上地区においても福祉の観点から地域に必要な機能だと感じたという。その後，コミュニティナースの提唱者である，コミュニティナースカンパニーの矢田明子氏のサポートも受けながら事業の構想を詰めていき，2018年8月から石巻市事業としてコミュニティナースを1名配置している（総務省「地域おこし協力隊」の事業スキームを活用）。他県で医療・福祉職に従事していた40代の女性がコミュニティナースの理念に共感して応募し，採用された。地域住民や各種関係機関との関係性を構築しながら，健康づくり活動や戸別訪問，心のケア事業など，看護・福祉面から地域住民を支える取り組みを進めている。

　地域組織の体制整備に関しても，住民のアクションを主体としつつ，ウィーアーワン北上でサポートを行っている。2017年から住民自治や地域経営に関する専門家を複数回，北上地区に招き研修会を重ねた。そして，2018年12月には専門家の助言も踏まえて，中学生以上の全住民を対象とするアンケートを実施した。これは震災以後，復興まちづくりに関する議論を重ねてきた北上地域まちづくり委員会を実施母体として，ウィーアーワン北上が調査の事務局を担った。調査の設計にあたっては，北上地域まちづくり委員会のメンバーを中心に，有志の地域住民で丁寧に議論を重ねてきた。調査項目の設定，配布・回収方法，結果の報告方法等，より多くの地域住民の声を集め効果的に結果が活用されるような実施方法の検討がなされた。結果として調査票の配布回収に

図表 7 － 7　中学生以上全住民アンケート　主な設問と集計結果概要

主な設問	集計結果概要
日常的に使用する交通手段	・80 代になると車を利用する人の割合が著しく減少する（70 代→80 代：【男性】90.9％→60.3％＜ 30.6％減＞，【女性】65.5％→42.9％＜ 22.6％減＞）
地域活動への関心と参加	・20 － 40 代・60 代女性の，「関心あり不参加」が 40％以上
日々の暮らしでの困りごと（選択式）	（地域全体）1 位：買い物が不便（60.9％），2 位：医療体制に不便を感じる（23.4％），3 位：健康面での不安がある（18.2％），4 位：通学が不便（17.6％） → 世代によって順位にばらつきがある
地域活動への女性・若者の意見の反映は必要だと思うか	・地域全体で 55.2％が「必要」と回答 ・「必要」という回答が，全世代で女性より男性の割合が高い ・地域団体の役員を務めることが多い 60 － 70 代男性では「必要」と答えた割合が約 7 割
地域への愛着の有無	・世代間のばらつきは少なく，地域全体で 6 割が「ある」と回答 ・40 代女性と 50 代女性の「ある」という回答の割合が地区全体よりやや低い傾向

出所：アンケート集計結果を元に筆者作成。

ついては，中学校や各地区の行政委員へ協力を仰ぎ，回収数 1,679 通，回収率92.2％という高い水準を示した。具体的な調査項目・設問は他地域での実施事例[2]を参考としつつ，日常的な交通手段，地域活動への関心，日常の困りごと，すでに取り組まれている地域活動の満足度と重要度などとした。調査の主な設問と特徴的な集計結果の概要を図表 7 － 7 に示す。2019 年 3 月には，北上地域まちづくり委員会が集計結果の報告会を開催し，地域住民をはじめ支援団体，行政職員など 60 名以上が参加した。今後，これらのエビデンスに基づき，今後の地域づくりに向けた方策の優先順位を検討することとしている。次いで2019 年度からは石巻市地域自治システム構築事業のモデル地区にも選定され，市や関係機関のサポートも受けながら前述のアンケートを踏まえたさらなる取り組みが待たれる状況にある。

（6）今後の展開について

　ウィーアーワン北上では，2019 年 8 月現在の団体の活動の軸として「暮らし」

図表 7－8　ウィーアーワン北上　事業年表

年	月	出来事
2012 年	1 月	任意団体 WE ARE ONE きたかみ　設立
	4 月	WE ARE ONE MARKET（仮設店舗）　オープン
2013 年	1 月	WE ARE ONE MARKET（本設店舗）　オープン
	7 月	白浜海水浴場再開実行協議会　立上げ
2014 年	8 月	きたかみインボルブ（まちづくりグループ）結成
2016 年	3 月	石巻市復興まちづくり交流館北上館　業務受託
2017 年	2 月	法人格取得　一般社団法人ウィーアーワン北上
	4 月	復興応援隊　業務受託
2018 年	8 月	コミュニティナース事業　開始
2019 年	2 月	ふるさとづくり大賞団体表彰　総務大臣賞受賞
	3 月	北上地区中学生以上住民アンケート
		実施（事務局）

出所：筆者作成。

と「しごと」を挙げている。このことについて佐藤氏は「「地域の持続性」，言い換えれば「暮らし続けられる」地域をいかに作るかということが重要で，それを支えるための「しごと」とは何かということをずっと考えている。この「暮らし」が念頭にあるというのは団体のメンバーが女性であることも関係していると思う」と話している。

　上記に関連して，団体の財源は行政からの委託事業等が多くを占める現状だが，今後は自主財源の比率も高めていきたいと話す。これまでも，弁当の販売（2019 年 8 月現在は休止中）や地域オリジナルの茶碗蒸しの開発・販売等，「食」に着目した収益事業を手掛けており，それらの事業のブラッシュアップを画策している。また，「暮らし」を支える事業についても，事業者が地域住民に対して単にサービスを提供するだけではなく，一定の対価を得て経済循環も生み出すようなビジネスベースのモデルを模索している。

3．おわりに

　ここまで団体発足からウィーアーワン北上の活動プロセスを追ってきた。本章の最後に，冒頭で取り上げた住宅再建の過程を背景とした課題群と団体の活動との関連，その要点をまとめておく。

　第一に，被災で影響を受けたコミュニティ再生へのアプローチであるが，ウィーアーワン北上の活動では，時間の経過とともに対象とするコミュニティの空間的な広がりと多様化が進んできたことが確認できる。活動当初は佐藤氏が課題感として捉えていた「母親同士のコミュニティ」という，個人的な興味関心に基づくごく限られた範囲から構想した事業であったが，活動の対象が徐々に「集落」，そして「北上地区全体」と広がりを見せていった。また，「他出者も含めた地域のつながり」や「同世代によるまちづくりグループ」，「住宅再建後の自治会」など，その内実は多様になってきている。日本では災害やその後の復興過程で人びとの連帯やコミュニティが果たす役割の重要性が叫ばれており，そのことに対する異論は少ないだろう。ウィーアーワン北上によるこれらの事業・活動は，宮内（2016）が指摘する，地域住民がうまく使いこなせる「重層的なコミュニティの再生」に少なからず貢献してきたと評価できよう。

　次いで，人口減少に対する，地域住民主体の活動へのサポートについては，その端緒として「暮らしに関する世帯調査」や中学生以上の全住民を対象とするアンケート（ウィーアーワン北上は事務局を担当）といった現状把握を行っている。今後の具体的な地域経営の戦略策定に向けては，地域住民間の密な対話や合意形成，意思決定と実働を担う組織等の整備といった地域内部の調整と，先進地・専門家の支援などの外部との連携のコーディネートが必要となる。前述の通り，財源の確保は依然課題としてあるが，これまで培ってきた地域との関係性や事業実績から，地域ぐるみで地域経営を進めていくためのサポート部隊として今後も活躍が期待される。

　震災から 8 年余りが経過し，生活の基盤となる住宅再建は完了した一方で，

コミュニティの醸成や，人口減少が進行した地域をどのように持続可能なものにしていくかといった議論については，これからが本番である。本章では現時点での団体の歩みをまとめたに過ぎない。

　筆者は災害復興に特化した中間支援組織である，「みやぎ連携復興センター」の職員として 2013 年 5 月より北上地区に関わり，当該団体および復興応援隊との協働の実践に取り組んできた[3]。具体的には，団体の事業計画の策定や先進地への視察，外部の専門家を招いた勉強会の開催等である。北上地区に関わる実践者の 1 人として，被災地から新たなモデルを創る挑戦を今後も支持していきたい。

　最後に，本章の執筆にあたり資料提供や取材にて多大なるご協力をいただいた，ウィーアーワン北上・代表理事の佐藤尚美氏はじめ関係者の皆様に深く感謝申し上げる。

【注】

1）災害危険区域に居住している（または震災時に居住していた）住民を対象とした，住宅再建に係る補助事業を指す。居住者自身による住宅の戸別移転に対し，住宅再建に係る資金を借り入れた場合の利子相当額等について補助を行う事業である（国土交通省，更新年不明）。

2）専門家の助言により，すでに住民アンケートを実施していた新潟県村上市等の事例を参考とした。

3）また，同地区復興応援隊を対象とした調査研究も行っており，本章はこれらの一連の活動を通じて得られた資料や，参与観察・インタビュー結果により構成している。

参考文献

石巻市（2017）「第 5 章　石巻市の被害」『東日本大震災　石巻市のあゆみ』石巻市，pp.24-79.

石巻市復興まちづくり情報交流館（2014）「3.11 東日本大震災における石巻市の被害状況」，http://ishinomakino.info/itemimages/A/447/8/show_image（2019 年 8 月 17 日取得）.

石巻市復興まちづくり情報交流館（2016）「鹿嶋神社（ビール神社）」，http://ishinomakino.info/item/A/833（2019 年 8 月 16 日取得）

国土交通省（更新年不明）「がけ地近接等危険住宅移転事業」，http://www.mlit.go.jp/

jutakukentiku/house/seido/23gake.html（2019 年 8 月 17 日取得）.

塩崎賢明（2009）『住宅復興とコミュニティ』日本経済評論社.

塩崎賢明（2014）『復興＜災害＞―阪神・淡路大震災と東日本大震災』岩波書店.

庄司知恵子・西城戸誠（2017）「被災地における居住意向の現状と課題―宮城県石巻
　市北上地区を対象とした世帯調査より」『岩手県立大学社会福祉学部紀要』No.19,
　岩手県立大学社会福祉学部，pp.61-73.

田中正人（2018）「災害復興過程におけるコミュニティ維持の条件とその意味」『北摂
　総合研究所報』No.2, 追手門学院大学北摂総合研究所，pp.59-73.

手島浩之（2019）「復興プロセスにおける住民主体の重要性と具体的技術―石巻市北
　上町における住民主体の震災復興の試み」綱島不二雄・塩崎賢明・長谷川公一・遠
　州尋美編『東日本大震災 100 の教訓―地震・津波編』，pp.88-89.

中沢峻（2016）「住宅移行期において「復興支援員」が果たしてきた役割―宮城県内
　での制度運用状況を事例として」『弘前大学大学院地域社会研究科年報』No.12, 弘
　前大学地域社会研究科，pp.73-85.

宮内泰介（2016）「コミュニティの再生へ」西城戸誠・宮内泰介・黒田暁編『震災と
　地域再生―石巻市北上町に生きる人びと』法政大学出版局，pp.272-287.

室崎益輝（2011）「東日本大震災における住宅再建の現状と課題」『けんざい』No.233,
　社団法人日本建築材料協会，pp.2-7.

矢田明子（2019）『コミュニティナース―まちを元気にする "おせっかい" 焼きの看
　護師』木楽舎.

おわりに　復興ソーシャルビジネスサイクルモデルの提示

　本書は，2018年に刊行された『復興から学ぶ市民参加型のまちづくり：中間支援とネットワーキング』の続編にあたる。前編では，復興過程における住民参加型まちづくりについて，中間支援組織（インターミディアリー）の果たした役割について検証を行った。そこでは中間支援組織が社会起業家育成や復興まちづくりにおいて重要な役割を担っていたことに言及した。そうした中間支援によるサポートもあって，東日本大震災の復興過程では多くの社会起業家が誕生し，震災復興に寄与している。事業の規模や業態はさまざまであるが，政府による助成制度を用いた社会起業家の育成は，復興政策の主要な柱の1つとされた。

　2012年に，内閣府は，「復興支援型地域社会雇用創造事業」を実施した。これは被災地での600人起業を目標に，12の中間支援団体が実施主体となって社会起業家育成が行われたものである。この事業は，「東日本大震災からの復興の基本方針（東日本大震災復興対策本部，2011年7月29日閣議決定）」に基づくものであった。以後，各省庁あるいは各自治体，商工会議所，金融機関が主体となった創業助成事業が矢継ぎ早に展開されていき，多くの社会起業家はこうした制度を活用して創業に取り組んでいったのである。

　本書で取り上げた7つの事例も何らかの支援を受けながら，事業モデルの確立に懸命に取り組み，現在まで展開されているものである。東日本大震災では多くの社会課題が顕在化し，この課題解決に奔走した事業家は社会起業家やソーシャルアントレプレナーと呼ばれ，彼ら彼女らのビジネスモデルは，社会性・事業性（持続性）・革新性の3要素の追求が常に求められてきた。持続している企業をみると，この3要素がバランスよく構成されているが，あらためてこの3要素を意識した事業の構築について検証した時，この実現は容易ではな

いことが理解できる。復興過程において設立され，現在も活動を展開する事業者はこの3要素を，結果として享受することができたのであり，今後の地域活動や次なる災害の備えを考える上でも，その活動のプロセスから多くのことを学ぶ必要がある。筆者らは，主に中間支援の立場から，復興期におけるソーシャルビジネスによる起業支援，被災地再生を支えてきており，本書で取り上げた事例もさまざまな形で関わってきたものである。今回，本書の編集を通して，あらためてそれらの事業を振り返るといくつかの共通性を見出すことができた。本書で得られた知見を，以下の復興ソーシャルビジネスサイクルモデルとして提示したい。

図　復興ソーシャルビジネスサイクルモデル

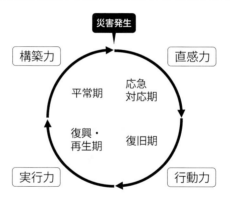

※本モデルは，本書の編集会議において検討を行い，作成したものである。
　本モデルの作成に関わった編集会議メンバーは，執筆者のうち，佐々木・
　中沢・髙橋・佐藤である。

　復興過程を大きく4つに区分して，フェーズごとに，起業家の行動と求められる力を，図および以下にまとめた。なお，災害発生後の区分は，災害後の対応（防災含む）を検討するための概念である「災害マネジメントサイクル（Disaster Management Cycle）」を参考に，「応急対応期」，「復旧期」，「復興・再生期」，「平常期」と設定した。

　まず，「応急対応期」であるが，災害発生直後に，起業家は，なんらかの行動をとる。ポイントとなるのは，どの地域にはいって活動を展開するかということである。活動のフィールドを選定する際，勘や運といった要素も多大にあり，実際には起業家の直感によるところが大きい。ただし，直感的に動くとはいえ，それ以前から事業構想プランを持っていることは前提にある。この事業構想プランは，計画書の場合もあれば，実務経験を基にした構想の場合もある。その上で，自身の活動場所となるフィールドに辿り着くのであるが，そこは必ずしも被災地の中で多くの人が集まり，注目されるような場所ではなく，支援の手が届いていないところ，自身の役割が見出せる場所であることが多い。もちろん，そこで誰と会えたか，ということも大きいだろう。

　「復旧期」では，行動が重要となる。どの起業家も，復興ボランティア活動を真摯に展開している。この過程で，起業家は，社会性というものを体験的に習得していく。社会性は，座学では習得しにくいものである。それは，人との出会いの中での会話や対話を通して，また，行動を共にする中で見いだされるものである。そのため，積極的に知見や人脈を広げるということが重要である。ただし，これは異業種交流会のような場に参加するといったようなものではなく，あくまで活動の延長線上に展開すべきものであり，活動を展開する中で不足する知識や技能を補い，出会った人から真摯に多くを学ぶことを意味する。そこで得られた知見や人脈は，平時ではなかなか得ることができない特殊な関係性となり，ここでの経験が起業家にとっての初心となることが多くある。とにかく汗をかいて動くことが求められる時期である。そうした行動を一定期間繰り広げた後，フィールドを振り返ってみると，これまで気づかなかった多くのことが見出されている。

　「復興・再生期」では，実現力が求められる。ここでは，復旧期の活動の中で，ビジネスモデルの種となる地域資源，特に未利用，未活用の資源を見出しているかどうかということが鍵を握る。このことは，考案したビジネスモデル

の事業性および革新性に直結する。そして，たとえビジネスモデルが貧弱だとしても，事業を走らせ，修正を加えながら，先を見出していく，たくましさが求められる。ソーシャルビジネスモデルでは，助成金やスポンサーの獲得も視野に入れる必要がある。その際，たとえ助成金であっても，どのように社会に還元するかということを常に考える必要がある。まさに助走の手助けとなるものが，助成金であるから，その間に自走できる事業モデルの構想をすることが必須である。また，時にはボランティアの助けを得ることも大切である。ここで，賃金以外であっても，ボランティア支援者に何を還元できるかを常に考えなければならない。ボランティア支援者が活動を通じて求めるものは人それぞれである。こうした要素を組み合わせ，この段階で起業家は，自身のビジネスモデルを強力に確立させる。

　「平常期」は，事業を軌道に乗せるために，見つめなおしが必要な時期となる。あらためて，ビジネスモデルや組織を見直し，この間の反省を真摯に受け止めることが今後の展開を左右する。右腕となる人材を確保する段階であるが，人を受け入れるにあたっては，右腕のキャリアも，その他のメンバーのキャリアもきちんと考えることが大切である。事業が発展していたとしても，人や組織が成長していなければ，たとえビジネスモデルが秀逸であっても，持続可能な事業とはなり得ないことが多い。関係する地域や多様なセクターとの互恵性を築くことも重要である。ボランティアから始まって，この段階に到達する上では，地域からの信用・信頼を少なからず得ている状況であろう。ただし，そこに胡坐をかいてはならないのであり，常に起業家は自らのミッションを見直し，社会性・事業性・革新性の3要素を真摯に追い求める必要がある。
　そして，起業家は，この4つのフェーズを過ぎるといくつかの選択を迫られる。もちろん起業した事業の継続が第一であるが，事業を他の人に委ね，また新たに設定したミッションに向かって，再度，事業構想の旅に出る人もいる。また，事業を継続，適正規模の拡大を果たしながらも，新たな事業に取り組む場合があり，その際，新たな挑戦者のメンターを兼ねるケースもある。もちろ

ん，途上で事業を休止する場合もあるが，そこで得られた経験を基に起業家精神（アントレプレナーシップ）は継続する。いずれのケースにおいても，起業家は，このビジネスサイクルモデルを回し続けるのである。ただし，活動を展開する「時機」は，起業家によってそれぞれであり，その見極めが肝要となる。

　最後に，社会起業家を支援する側について簡単に述べておきたい。起業支援の制度設計を考える上では，それぞれのフェーズで必要となる効果的な支援が変わることを意識する必要がある。支援は，機会の提供や資金の助成など，多様であるが，時代に応じた支援策を積極的に取り入れることは重要である。例えば，東日本大震災の復興過程の支援策として，社会に直接問いかけることで支援を受けるクラウドファンディングが積極的に採用された。

　復興ソーシャルビジネスにおいては行政の制度設計による後ろ支えと中間支援メンバーや行政職員の励ましが必要となる。ただし，行政やメディアが応急対応期や復旧期で過度な関与を行うと事業の持続性が損なわれる危険性も孕んでいる。事業規模は拡大し発展しているようにみえても，その段階で起業家の成長が止まってしまう可能性があるためである。いずれにせよ，その起業家が，サイクルモデルのどの時期に該当しているかの把握が重要となる。そのためには，ときに，雑談をしながらお茶を飲むなど，支援者と起業家が時間をともにすることが必要なこともあるだろう。また，起業支援というと，スタートアップに重点がおかれるが，案外大事なことはフォローアップである。助成制度の設計の際には，フォローアップの機会創出まで視野に入れることによって，起業家に振り返りと新たなアイデア創出の機会を提供することにつながる。

　本書の刊行にあたり，これまで活動を共にしてきた多くの中間支援のメンバーに感謝したい。本書の事例の多くは，一般社団法人ソーシャルビジネスネットワーク，NPO法人石巻復興支援ネットワーク，東北ソーシャルビジネス協議会との取り組みの過程で出会ったものである。なお，この「復興から学ぶ市民参加型のまちづくり」シリーズは，次号パートⅢをもって完結とな

る。パートⅢは，コミュニティプレイスとパートナーシップをテーマに取り上げる。本シリーズの刊行は，株式会社創成社の理解なしにはなし得ないことである。この場を借りて，代表取締役塚田尚寛氏，西田徹氏に感謝申し上げたい。また，パートⅠに続き，本書の刊行には，公益社団法人経済同友会による「IPPO IPPO NIPPON プロジェクト」の活動助成を受けている，あらためて御礼申し上げたい。

2020 年 3 月 15 日

執筆者を代表して　佐々木秀之

索　引

132

（検印省略）

2020 年 3 月 31 日　初版発行　　　　　　　略称―復興まちづくり

復興から学ぶ市民参加型のまちづくりⅡ

―ソーシャルビジネスと地域コミュニティ―

編著者　風 見 正 三・佐々木秀之
発行者　塚 田 尚 寛

発行所　東京都文京区　　　　　　　　　　　　　　　　　　　　　　
　　　　春日 2 − 13 − 1　　**株式会社　創 成 社**

　　　　電　話　03（3868）3867　　　Ｆ Ａ Ｘ　03（5802）6802
　　　　出版部　03（3868）3857　　　Ｆ Ａ Ｘ　03（5802）6801
　　　　http://www.books-sosei.com　振　替　00150-9-191261

定価はカバーに表示してあります。

©2020 Hideyuki Sasaki　　　組版：ワードトップ　印刷：エーヴィスシステムズ
ISBN978-4-7944-3208-7　C3033　製本：宮製本所
Printed in Japan　　　　　落丁・乱丁本はお取り替えいたします。

━━━━━━━━━━━━━ 経済学選書 ━━━━━━━━━━━━━

復興から学ぶ市民参加型のまちづくりⅡ ―ソーシャルビジネスと地域コミュニティ―	風 見 正 三 佐々木 秀 之	編著	1,600 円
復興から学ぶ市民参加型のまちづくり ― 中 間 支 援 と ネ ッ ト ワ ー キ ン グ ―	風 見 正 三 佐々木 秀 之	編著	2,000 円
地　　方　　創　　生 ― こ れ か ら 何 を な す べ き か ―	橋 本 行 史	編著	2,500 円
地 方 創 生 の 理 論 と 実 践 ― 地 域 活 性 化 シ ス テ ム 論 ―	橋 本 行 史	編著	2,300 円
地域経済活性化とふるさと納税制度	安 田 信之助	編著	2,000 円
日本経済の再生と国家戦略特区	安 田 信之助	編著	2,000 円
地 域 発 展 の 経 済 政 策 ― 日 本 経 済 再 生 へ む け て ―	安 田 信之助	編著	3,200 円
テ キ ス ト ブ ッ ク 地 方 財 政	篠 原 正 博 大 澤 俊 一 山 下 耕 治	編著	2,500 円
財　　　　政　　　　学	望 月 正 光 篠 原 正 博 栗 林 隆 半 谷 俊 彦	編著	3,100 円
福 祉 の 総 合 政 策	駒 村 康 平	編著	3,200 円
環 境 経 済 学 入 門 講 義	浜 本 光 紹	著	1,900 円
マ ク ロ 経 済 分 析 ― ケ イ ン ズ の 経 済 学 ―	佐々木 浩 二	著	1,900 円
マ ク ロ 経 済 学	石 橋 春 男 関 谷 喜三郎	著	2,200 円
ミ ク ロ 経 済 学	関 谷 喜三郎	著	2,500 円
入 門 経 済 学	飯 田 幸 裕 岩 田 幸 訓	著	1,700 円
マクロ経済学のエッセンス	大 野 裕 之	著	2,000 円
国 際 公 共 経 済 学 ― 国 際 公 共 財 の 理 論 と 実 際 ―	飯 田 幸 裕 大 野 裕 之 寺 崎 克 志	著	2,000 円
国際経済学の基礎「100項目」	多和田 眞 近 藤 健 児	編著	2,500 円
ファーストステップ経済数学	近 藤 健 児	著	1,600 円

（本体価格）

━━━━━━━━━━━━━ 創 成 社 ━━━━━━━━━━━━━